生态文明
与美丽中国建设研究

杨 玫　郭卫东　著

中国水利水电出版社
www.waterpub.com.cn
·北京·

内 容 提 要

　　本书以党的十八大和十八届五中全会精神为根本指导,以习近平总书记关于生态文明建设的一系列重要讲话精神为科学指南,从理论和实践角度探讨了中国生态文明建设的具体实施路径。本书旨在大力弘扬生态文明理念,努力提高全社会践行生态文明的自觉性,为推进生态文明建设提供理论指导和实践借鉴。

　　本书条理清晰,内容丰富,是一本值得学习研究的著作。

图书在版编目(CIP)数据

　　生态文明与美丽中国建设研究/杨玫,郭卫东著
. —北京:中国水利水电出版社,2017.6 (2022.9重印)
　　ISBN 978-7-5170-5456-6

　　Ⅰ.①生… Ⅱ.①杨… ②郭… Ⅲ.①生态环境建设
－研究－中国　Ⅳ.①X321.2

　　中国版本图书馆 CIP 数据核字(2017)第 129286 号

书　　名	生态文明与美丽中国建设研究
	SHENGTAI WENMING YU MEILI ZHONGGUO JIANSHE YANJIU
作　　者	杨　玫　郭卫东　著
出版发行	中国水利水电出版社
	(北京市海淀区玉渊潭南路 1 号 D 座 100038)
	网址:www.waterpub.com.cn
	E-mail:sales@waterpub.com.cn
	电话:(010)68367658(营销中心)
经　　售	北京科水图书销售中心(零售)
	电话:(010)88383994、63202643、68545874
	全国各地新华书店和相关出版物销售网点
排　　版	北京亚吉飞数码科技有限公司
印　　刷	天津光之彩印刷有限公司
规　　格	170mm×240mm　16 开本　15.75 印张　204 千字
版　　次	2017 年 10 月第 1 版　2022 年 9 月第 2 次印刷
印　　数	2001—3001 册
定　　价	48.00 元

凡购买我社图书,如有缺页、倒页、脱页的,本社营销中心负责调换

版权所有 · 侵权必究

前　言

党的十八大以来，习近平总书记提出并深刻阐述了实现中华民族伟大复兴的中国梦，指出："走向生态文明新时代，建设美丽中国，是实现中华民族伟大复兴的中国梦的重要内容。"当今世界是一个大发展、大变革、大调整的世界，而我国也同样正步入增长速度换挡期、结构调整阵痛期叠加阶段。党的十八大把生态文明建设列入中国特色社会主义建设"五位一体"总体布局，并要求将生态文明建设放在突出地位，融入经济建设、政治建设、文化建设、社会建设的各方面和全过程，这标志着我国已从国家战略高度认识生态文明，迈向生态文明新时代就是这条中国道路的目标指向。

本书以党的十八大和十八届五中全会精神为根本指导，以习近平总书记关于生态文明建设的一系列重要讲话精神为科学指南，对生态文明建设的内涵、理论渊源和途径做了较为系统全面的阐述。本书共九章，第一章为建设美丽中国是生态文明的目标指向，对生态文明的科学内涵、美丽中国是走向生态文明的目标指向、生态文明是实现美丽中国梦的现实需要三个方面进行了论述。第二章为生态文明建设的思想基础，主要从马克思主义经典作家的生态思想、中国传统生态文化的现代转化、当代西方生态思想的借鉴以及中国共产党领导人的生态文明思想四个方面进行了探讨。第三章分析了当前推进生态文明建设的机遇与经验。第四章至第九章分别从生态文明建设的指导思想、生态理念、环境保护、制度建设、社会建设、主体行为建设等方面进行了论述。

全书由杨玫、郭卫东撰写,具体分工如下:

第一章至第五章:杨玫(河南科技大学);

第六章至第九章:郭卫东(洛阳理工学院)。

本书在写作过程中参阅了很多学者的著作和文献。在此衷心感谢为生态文明事业作出贡献的专家和那些默默无闻的工作者。由于生态文明理论的研究和生态文明建设的实践是一个不断创新和深化的过程,书中一些观点可能会随着时间的变化而不再具有新意。此外,由于水平和时间所限,有些观点难免有偏颇之处,恳请广大读者批评指正。

作者

2017 年 4 月

目　　录

第一章　建设美丽中国是生态文明的目标

美丽中国是生态文明建设的目标指向,生态文明建设是通向美丽中国的道路。在当前,建设美丽中国是我国发展进入新阶段的迫切要求,是我们党执政理念的重大提升,反映了全面建成小康社会的基本要求和重要特征,拓展了中国特色社会主义事业的发展领域和范畴。

第一节　生态文明的科学内涵

面对世界范围内和中国改革开放以来日益严峻的生态危机形势,"可持续发展""科学发展观"等有关生态保护的概念相继被国家提出;胡锦涛在 2007 年党的十七大报告中明确将"建设生态文明"作为中国实现全面建设小康社会奋斗目标的新要求之一;2012 年党的十八大报告中再次将"生态文明建设"放到突出地位,这些都体现了中国共产党作为执政党对人类社会发展规律和社会主义建设规律的深刻把握,也标志着我国生态文明时代即将到来。随着生态文明的登场,作为发展中国家的我国,也逐步认识到发展生态文明重要的现实意义。把握生态文明从提出到发展的历程,把握它在整个人类文明史中的重要意义,直接关系到生态文明建设的进程。

一、生态文明与生态文明社会

所谓生态文明,是指人类在经济社会活动中,遵循自然规律,积极改善和优化人与自然的关系,而进一步的目标则是为了实现经济、社会、自然三者的和谐。生态文明社会一个重要的标志就是和谐,这里的和谐不仅仅是针对人与人之间的关系而言的,同时还针对人与自然、人与社会的关系而言,不仅涉及物质文明建设,同时还与精神文明建设紧密相连。因而,由于涉及面较广,可以说建设生态文明社会是一项庞大的系统工程,而不是局部的小型项目。生态文明建立在工业文明的基础之上,但生态文明并不是对工业文明的完全复制,也不是对工业文明的完全否定,生态文明的建设目标就是实现生态公正,并在此基础上实现社会公正,力求实现上文所讲的"和谐"。生态文明的出发点是自然,是为了让人类重新重视自然与人的关系,从而维护生态平衡,实现人类的长远发展。生态文明社会是"一种理想的社会形态,其内涵表现在四个方面:生产发展、生活富裕、生态良好的整体性;经济与人口、资源、环境协调发展的一致性;生态意识成为社会主流价值观的共识性;人与自然和谐相处的共生性。"①

二、生态文明与工业文明在一定时期可以共生共存

对于生态文明与工业文明关系的界定,多数学者将生态文明定位为是继工业文明之后的一种后工业文明形态,认为建设生态文明就是要取代工业文明。我们通过对工业文明的剖析及生态文明内涵的深入研究,对二者的关系有了新的认识。

(一)生态文明是在对传统工业文明的总结和反思中提出的

在漫长的人类发展历史中,无论是从渔猎社会进入农业社会,还是从农业社会进入工业社会,都伴随着人类文明的跨越式进步。但是随着时代的发展我们应该意识到,工业文明固然为人类创造了巨大的财富,但是也暴露了很多弊端。比如资源短缺、

---

① 赵建军.生态文明的理论品质及其实践方式[J].深圳大学学报,2008(5).

能源危机、环境污染、生态破坏、森林锐减、土地退化、淡水匮乏、酸雨和温室效应加剧、气候变暖，等等。这一系列问题的出现是在工业社会发展模式下难以避免的，生态的恶化使得人类的生存条件急剧下降，对人类的健康和生命造成了巨大的威胁。此种境况，引起了人们对工业文明的反思，生态文明开始走进人们的视野。

生态文明正是人类在不断向前发展的过程中，对过去的回首。人类一个劲往前冲，经济得到了发展，然而一些问题也随之显现。生态文明建设是在总结发展工业文明社会的利弊得失而得出的最终方案，也是人类历史进程中从未有过的一场重大变革。在工业文明逐步发展的过程中，人类一再沾沾自喜，对于工业文明取得的成果欣喜之余仍然抱有贪婪之心，甚至狂妄自大地喊出"要征服自然"。不可否认的是，工业文明的发展确实将人类带入了一个全新的前所未有的文明时代，无论是从技术上还是物质上，抑或社会进步上，取得的成就是渔猎文明时代、农业文明时代所没有的。但依据马克思主义哲学思想，我们知道矛盾总是时刻存在着的。工业文明将人类社会的发展推向一个巅峰状态，而与之不协调的是，整个生态系统遭到了破坏，自然开始发出强烈的抗议。如果人类赖以生存的家园出现了症状，那么人类自以为是的所谓的发展，又能坚持走多远呢？生态问题、自然问题逐渐显现，这给人类敲响了警钟，人类开始逐渐从工业文明的迷梦中清醒过来，转而开始重视起人类与自然生态的关系。

人类到底该何去何从，生态文明建设就是一条最好的出路。生态文明建设要求人们树立自觉的生态意识，这是作为人类社会一分子的每个具体个人所必须具备的基本思想，同时重视经济发展和生态环境保护之间的关系，实现经济的活性发展，也就是经济的可持续发展，而不是逐步迈进一个死胡同，在这样的前提条件下，进而建立和完善公正合理的社会制度，真正实现人与自然、人与社会、自然与社会的和谐，从而使整个自然真正得到重视和尊重，建成生态社会。生态文明就是要从思想根源上彻底转变人们的观念,改变以往以人类为中心的模式,继而将关注点转向自然,改变"先污染后治理"的发展模式,杜绝以牺牲自然环境来谋求经济利益的行为。生态文明思想解决了人类在发展过程中怎样更加有效、更加正确地处理与自然的相处模式,不仅单纯追求经济与社会的和谐发展,同时追求自然与人的和谐发展。

(二)生态文明与工业文明相互补充、和谐统一

工业文明的弊端引发人们对生态文明的认知和关注。生态文明与工业文明有着密不可分的关系,虽然生态文明是基于工业文明的弊端出现的,但这并不意味着二者是对立的,恰恰相反,二者是相互补充、和谐统一的。

(1)生态文明是对工业文明的发展和提升,需要去除工业文明中的各种糟粕,继承和发扬优秀工业文明成果。事实上,生态文明是在吸取人类所有文明成果,尤其是工业文明精髓的基础上产生的。正是工业文明的飞速发展及其由此带来的科技进步,为今天的生态文明建设提供了坚实的物质基础和各项技术集成的可能性。生态文明本身就意味着对工业文明的全面提炼与升华,是工业文明的发展与归宿,是对包括工业文明在内的一切优秀传统文明的理性汲取和科学扬弃。

(2)传统工业文明在为人类社会提供高度丰富的物质世界的同时,也加剧了全球性的生态危机,但也不能完全归罪于工业文明。严格地讲,在作为工业文明基础的农业文明阶段,对生态的破坏就已经不同程度地出现。只不过与工业文明对生态的严重破坏程度相比,农业文明阶段对生态的破坏显得"微乎其微"(甚至可忽略不计),而工业文明则只是将人类生态系统的不和谐状态推到了近乎"极致"而已。

(3)虽然我们要致力于生态文明建设,但也不能以生态文明来完全取代或代替工业文明。每一种社会形态都有其相应的文明结构,生态文明和物质文明是贯穿于所有社会形态始终的一种基本要求。只不过工业社会中人们对物质的追求超越了对生态

文明的追求,对人类生活环境造成了极其严重的破坏。在这种背景之下,人们对生态文明的要求才会显得更加重要和迫切。

三、生态文明的基本特征

相对于传统工业文明,生态文明的基本特征包括以下几个方面。

(一)整体性

生态文明是在现代工业文明基础上的整体转型。它强调自然的重要地位,强调自然优先于人类生存,只有拥有一个良好的自然环境方才有资格谈起人类的生存。这也是人类一切文明形态存在的必要前提,也就是说,离开了地球生态系统这个母系统,人类这个子系统的一切活动都是不存在的,而母系统的发展才能带动子系统的发展;强调在大自然生物圈中各种事物是相互依存的,人类自身的利益是与整个生态系统的利益息息相关的,同时,生态系统的利益关系到整个生物圈和生态系统的稳定,如同"多米诺骨牌效应"一样,生态系统出了问题,那么人类发展也将受到不可避免的影响,是人类生死攸关的最高利益所在。因此,一定要坚持以大自然生物圈整体运行的宏观视野来全面审视人类社会的发展问题,以相互关联的利益体的整体主义思维来处理人与自然、人与其他物种的关系。经济社会发展既要立足于人类的需求,又要顾及自然资源、环境与生态的承载力。总之,就是要把人类的一切活动,都放在自然界的大格局中去做整体的考量。

(二)综合性

生态文明是包括生态物质文明、生态精神文明、生态政治文明、生态社会文明在内的复杂综合的系统工程,它不仅涉及人与自然的和谐,还涉及人与人、人与社会的和谐;不仅涉及人的生产方式的根本转变,还涉及人的生活方式的根本转变;不仅涉及人的行为方式的变革,还涉及人的价值观念的变革。因此,工业文明时代形成的是经济学、社会学、人文和自然科学自成体系,各自发展的形态,而生态文明时代要求生态学、经济学、伦理学、社会学和其他人文、自然科学的整体融合和发展。

（三）循环性

生态文明在经济运行中的本质特征,是对地球生物圈物质循环运动过程的功能模拟。从生态学的角度看,一个完整健康的自然生态系统是在太阳和宇宙物质环境的作用下,通过生产者的创造,经过消费者的消费,继而再由分解者进行最终的分解,经过这样的循环,使整个生态系统不断进行更新、衍替、再生。生态文明的经济运行就是按照自然生态系统物质循环和能量流动规律来重构经济系统,使整个经济活动按照"资源—产品—再生资源"的循环模式不断向前发展,从而使得资源能够被重复使用,尽最大的可能来减少资源浪费,减少生态损失,最大限度地降低自然成本。

（四）知识性

虽然生态文明的经济发展需要一定的物质基础作为条件,但主要依靠的还是人类的聪明才智。在投入要素上更多表现为智力开发、科学知识和技术进步,这一点恰好与依靠资金和资源、环境、生态的高投入、高消耗的其他文明时代相反。以往的文明时代主要靠蛮力来发展经济,而生态文明时代主要依靠的是知识,以知识技术为主导,因而也被称为知识经济时代。在这个时代,展现在人们眼前的将是以前从未有过的崭新的面貌,各种新知识、新技术、新工艺、新材料、新模式层出不穷,并相互交融,信息技术飞速发展,生物技术有所突破。不仅是技术层面进入了一个崭新的时代,同时人们的思想观念也发生了巨大的变化,生产方式和生活方式也迈进了一个全新的时代。

（五）公正性

生态文明秉承人与自然、人与人、人与社会的和谐理念，坚持全面协调可持续发展，坚持效率与公平相统一，坚持城乡一体化、先富帮后富、最终达到共同富裕，努力调节与完善分配制度，实现发展成果人人共享、有效提高人民的幸福指数。这是建立良好社会生态、化解社会矛盾、造福全体社会成员的必由之路。这同工业文明不合理的生产关系和分配制度造成发展成果分享的极大不公正性，导致贫富差别扩大、两极分化加剧，极少数人占有物质文化财富的大部分，而相当一部分人生活在贫困线以下的不良景况形成鲜明的对照。

（六）可持续性

生态文明是人类可持续发展的选择，其基本目标是要使人类社会发展实现生态可持续性、经济可持续性和社会可持续性的三个可持续性。其中，生态可持续性是要达到地球生物圈可持续性，维护地球基本生态过程，保护生物多样性，维护地球支持生命的能力；经济可持续性是要从长远的观点看待发展，正确处理人与自然、当前与长远的关系，自觉调整生产与消费方式，既要满足人类经济发展的需要，又不对自然生态系统构成危害，既要满足当代人的需要又不对后代人满足其需要的能力构成危害；社会可持续性是文化价值和自然价值的公平分配原则的体现，既要实现当代人之间以及当代人与后代人之间的公平，又要实现地区之间、国家之间以及人与自然之间的公平。

由此可以看出，生态文明是一个比工业文明更为高级的崭新的文明形态，生态文明时代也因而成为面临全球性生态危机的人们普遍向往和追求的目标。

四、生态文明与物质文明、精神文明和政治文明相辅相成

人与自然的和谐发展是生态文明的核心，也是其追求的最终

目标,但是我们应该明确,生态文明的发展绝不是只表现在人与自然的关系这一个方面,而是包括人与人、人与自然、人与社会等各个方面的协调发展。生态文明的建设是一个复杂的综合工程,它涉及人类各种经济社会文化等活动的领域,因而反映的社会关系也比较多,不仅包括人与人、人与社会的关系,同时还反映了人与自然的关系状态。

生态文明下的社会发展,是一个工业和经济以及生态环境同步发展的时代;生态文明下的进步,是社会、人、生态环境的整体进步;生态文明下的提升,不仅仅是人们物质生活水平的提升,更是人们生活环境和生活品质的综合提升。因此,在开展生态文明建设的同时,我们还要紧紧抓住经济发展和精神文明建设不放松。

生态文明与物质文明、政治文明、精神文明都是全面建设小康社会的组成部分,它们之间是相辅相成的,缺少任何一个部分社会主义现代化建设都是不完整的。四种文明共同构成当代人类社会文明系统整体。(1)物质文明主要表现为物质生产力的进步与人们物质生活水平的提高。(2)政治文明主要表现为人们政治理念的进步与政治制度的完善。(3)精神文明主要表现为精神生产的进步与精神生活的满足和提高。(4)生态文明则主要表现为人类本身及其与生态环境之间关系的协调、人类生态意识的逐渐增强以及在人类社会建设过程中,生态制度逐步建立并完善,生态环境的最终改善和还原。

从这几个文明的关系来看,生态文明是一个先决条件,决定了物质文明、精神文明以及政治文明的发展前景。与此同时,这几者又是相互关联的,离开了物质文明、政治文明和精神文明,生态文明的发展也就无从谈起。

鉴于四者密切的关系联系和相互作用,我们在开展生态文明建设的过程中,应该最大限度地将产业、技术、理念、文化、伦理、制度、政治等各个不同的层面融入整个发展中来,对生产方式、生活方式和价值观念进行一场彻头彻尾的变革。

虽然生态文明涉及众多领域,但其本质的方面指向人与自然的关系,终极目标就是实现两者的和谐共生。在人类生活中,那些基本的日常生活所需,无论是吃的、用的,都源自大自然的恩赐。不仅是人类的日常生活,在人类日常生产中,同样随处可见大自然的恩惠,如那些制造产品的原材料等。长期以来,人类享用自然的恩赐已经成为理所当然的事,明明知道自然资源并非取之不尽用之不竭,但依然用一种理所当然的态度麻痹着自己,肆意挥霍着自然有限的恩赐。人类除了竭力汲取大自然赐予的生产生活资源以外,还对自然排泄这些生产垃圾和生活垃圾,而由于这些垃圾经过了人类自作聪明的加工,自然对这些垃圾的吸纳、净化能力也是有限的,牺牲自然发展自身,这绝对是愚蠢至极的自取灭亡的措施。生态文明体现了一种关系的和谐,既包括人类社会内部、自然界内部,也包括自然界和人类之间的关系。生态文明强调发展,自然界和人类都要发展,并且要永续发展,这种发展只能是建立在和谐基础上的发展。生态文明的思想是随着人与自然界的发展,针对过去的反思、目前的现状和未来的准确判断提出来。正确处理人与自然的关系,实现人与自然的和谐发展,是人类文明得以延续和发展进步的基本条件,是生态文明最本质的内涵和价值取向。

五、生态文明是人类历史和世界文明发展的潮流

(一)生态文明是人类文明发展的历史趋势

　　从古到今,原始文明、农业文明和工业文明三个阶段可以说是人类文明发展的大致过程。后期由于工业文明与信息文明的不断发展,大大推动了生态文明的提出。工业文明时代摆在首要位置的是人类社会经济的发展,人们更为重视的是获取最多的经济价值,在追求企业利益最大化的同时往往以牺牲环境为代价的。三百多年来的工业文明发展史,对自然的破坏最为彻底无

情,可以说是人类生态环境的破坏最为严重的一段时期。马克思说过一句话"人类转变的顶点就是生态危机",意味着工业文明将会被一种新的生态文明所取代,意味着未来文明的主导范式就体现在生态文明方面。人类文明的发展史说明,人类文明的发展趋势必然是实现生态文明,建设中国特色社会主义生态文明是顺应文明发展趋势的理性选择。

(二)生态文明是顺应文明发展潮流的必然要求

生态文明之路在刚开始出现便已崭露头角,成为众多发达国家的宠儿,成为整个人类发展的不二选择。这样的发展趋势俨然成为整个世界的潮流。

近代以来三百多年的工业文明史,是人类改造自然能力不断增强的历史,也是人类生态环境不断恶化的历史。工业革命以来全球人口快速增长,从1750年的8亿人口增加到2008年的68亿人口。增长10亿人口的时间由100年(1830年10亿人口到1930年20亿人口)缩短为12年(1987年50亿人口到1999年60亿人口)。伴随着人口规模的急剧壮大,一个首要的变化就是人类的需求。而这客观上就要求生产规模的扩大。科技水平日益提高,人类越来越致力于发展现代工业,虽然现代工业比传统工业效率要高,但现在工业发展的基础能源还是石油、煤炭、天然气等,在现代工业的推动下,工业化、城市化进程日益加速。而随着整个社会的不断前进,发展过程中一些隐性的问题也随之浮出水面。伴随着现代文明机器运转的隆隆声,地球上可再生资源的消耗速度也超越了其再生的能力,而不可再生资源日益减少,人类也迟迟研究不出可以代替的能源。工业生产带来的废物逐渐增加,这给生态环境带来了深重的灾难。

20世纪五六十年代以来,世界各国已经普遍认识到自然的重要性,工业文明带来的弊端逐渐显露,因而,整个世界开始探求一种新的文明之路。1992年联合国环境与发展大会召开,通过了以可持续发展理念为指导的《里约环境与发展宣言》《21世纪议程》

等,是世界环境治理史上的标志性事件。可持续发展理念要求人口再生产、物质再生产和生态再生产协调统一,蕴含着代际之间生态公平和正义的思想,是人类社会发展的指导性战略,被世界各国所重视。随后,生态文明思想被提出,并在美国、德国、日本等发达国家得到实践。作为世界上最大的发展中国家,我国也不甘落后,顺应历史的潮流,用生态文明的理念来引导将来的发展,从而更加有利于全球生态治理目标的实现。

（三）生态文明是推动现代化发展的必然要求

在开创中国特色社会主义事业新局面的过程中,我党逐渐认识到,仅仅只有经济、政治、精神文明的社会主义不能完全称为社会主义,社会主义是一个要求全面发展的社会。而这就决定了民主法制的健全、文化艺术的繁荣、社会的和谐稳定、生态环境的优美等的全面发展。在党的十七届四中全会上,生态文明建设被提升到一个从未有过的重视高度上,将其置于与经济建设、政治建设、文化建设、社会建设同等重要的战略高度,提出了中国特色社会主义建设的"五位一体"格局,党的十八大报告又将之正式确定下来。

经济建设、政治建设、文化建设、社会建设和生态建设是紧密联系、互为支撑的。如果没有良好的生态环境,人类是无法达到一个高水平的物质层面的。假设失去了良好的生态环境基础,人类头顶是乌黑的苍穹,脚下流淌着被污染的河流,吃的食物是经过工业污染的,呼吸的空气是经过污染的,即使是开着豪车,穿着名牌,那么这会带来好的物质享受和精神享受吗? 显然是不会的。因此,我们要建成惠及十几亿人口的更高水平的小康社会、建设富强民主文明和谐的社会主义现代化国家、实现中华民族的伟大复兴。当然,建设生态文明不只是一句响亮的口号,而应该切实贯彻到现实生活中来。在法律制度、思想意识、生活方式和行为方式层面中,积极贯彻落实生态文明教育。

第二节　美丽中国是走向生态文明的目标指向

美丽中国,是时代之美、社会之美、生活之美、百姓之美、环境之美的总和。实现美丽中国,经济持续健康发展是重要前提,人民民主不断扩大是根本需要,文化软实力日益增强是强大支持,和谐社会人人共享是基本特征,生态环境优美宜居是显著标志。这些方面是美丽中国建设的必要条件,美丽中国是生态文明建设的目标指向。

一、美丽的释义

美是什么? 公元前 5 世纪,古希腊哲学家柏拉图首先提出这个问题。两千多年来,还没有一位美学家、哲学家、评论家能够给出一个大多数人认同的定义。

从表层看,美丽指好看、漂亮,即在形式、比例、布局、风度、颜色或声音上接近完美和理想境界,使人的各种感官极为愉悦,对自己来说是视觉的享受。作为哲学概念的美丽,一般指某一事物引起人们愉悦情感的一种属性。

在深层上,关于美的本质问题上,有很多种看法。概括起来,主要有四种。

第一种是主观论,将美的本质归结为一种精神现象,强调美是人的一种主观感受,客观事物的美与丑都是主观的。

第二种是客观论自然说,认为美是客观的,美在物,不在心,这种观点基于世界的自然属性和物质属性来探讨美的本质,认为美存在于形式中各因素的和谐,或认为美是事物的属性。

第三种是主客观统一论,认为美是主客观的统一,朱光潜认为,美是主观的思想意识对客观事物起作用后所形成的"物的形象"。

第四种是客观论社会说，认为美是客观性与社会性的统一，李泽厚认为美是客观存在的社会属性，美是实践的产物，美既不是与人无关的自然属性，也不是意识虚幻的投影，而是一种社会价值或社会属性，是在现实生活中对那些社会发展的本质、规律和理想等用感官进行直接的感知而形成的具体的社会和自然的形象。

从上述观点来看，我们还不能找到一个关于"美是什么"的最好答案。但是通过各种观点的对比，就人类社会而言，我们可以认识到：

首先，美是社会性的，是"人"的。动物没有美的体验，美是人类社会的产物，在人类出现之前，没有美。自然界的山山水水，太阳、月亮等都只是美存在的基础，是"自在的美"，它具有成为"美"的特质，但还未成长为"自为的美"，只有经过人的认识与发现之后才能成长为自然的美。

其次，美是由人创造出来的。人创造出的一切并不都是美的，但美一定是人类创造出来的。

最后要看到的是，美既与人的感觉器官联系紧密，是一种直观感受，又与人理性的思考判断相关。美感的产生既包括感性认识，也涵盖了理性的内容。文章的美是因为文中有令我们感动的内容；艺术美的产生取材于现实生活，又加入人们的创造，具有高度精练、高度典型、高度独立的特征。至此，可以给"美"下一个定义，即美是人本质力量的感性显现。

二、美丽中国是指生态良好的中国

建设美丽中国是十八大报告中描绘的美好蓝图，是人们对于未来家园的期待。美丽中国是人类得以诗意地栖居于大地的前提和保障。美丽中国是生态良好的中国。十八大报告中用"天蓝""地绿""水净"三个富有诗意的词描绘了美丽中国的美好图景。

(一)天蓝

天蓝不仅是指天空的颜色是蓝色的,也是对空气质量状况评价的一种通俗说法。以北京为例,自 1998 年实施"蓝天计划"以来,就用一年中"蓝天数"的多少来衡量空气质量的好坏。地球的大气层是我们头顶上的天空,这些大气本身不是蓝色的,之所以晴朗的天空呈现蔚蓝色,是因为大气分子和悬浮在大气中的微小粒子对太阳光散射的结果。当太阳光通过大气时,波长较短的紫、蓝、青色光最容易被散射,因而呈现出蔚蓝色。但是由于大气污染严重,使天空变成了灰色。有时即便空气看起来是纯净、透明的,但是也会存在悬浮在空中的细颗粒物,其直径小于或等于 2.5 微米,只有头发丝的 1/20,人们的肉眼是看不见的。人们期盼的天蓝是真正的蓝色,是没有细颗粒物的蓝色,是空气质量优良的蓝色。我们的发展不能以牺牲环境和公众健康为代价,没有新鲜的空气,再快的发展都将失去意义。

(二)地绿

绿色既是生命的本色,也是希望和活力的象征。地绿是要让大地披上绿装,要增加城市和乡村的绿地面积。青山绿地既是实现绿色产业转变的重要表现,也代表着生态文明的结构转型。城市绿地是城市的名片、特色和个性,是事关城市能否长远发展的生命线和补给线。在城乡环境的综合治理中,以青山绿地工程为载体,从一草一木的种植,到公园、广场的建设,使人们的生活享受于绿色的环绕中。绿色给予人们以绿色享受、绿色福利、绿色幸福,不仅改善着城乡的生态状况和生态安全,也改变着人类的生活方式和服务方式。

(三)水净

水是包括人类在内所有生命生存的重要资源,是生物体的最重要组成部分,同时在生命演化中扮演着重要的角色。清洁、卫生的水是人体健康的重要保证。水净不仅应该是对饮用水的直观感觉，而且也应该是对各种水体水质评价的重要标准，就是要水中不含有害人体健康的物理性、化学性和生物性污染物。老子说："上善若水。"孔子说："智者乐水。"水犹如一面镜子，反映了大自然的宁静、平和。水净蕴含着把自然与人结合在一起，既为人的物质满足提供依归，也为人的精神满足提供示范。土地和水源是紧密联系的，解决了水净的问题，意味着吃的问题也得到了一定程度的解决，因为有干净的水就必然有干净的土地。吃、喝是人类最基本的需求，这个问题解决得如何，体现了社会发展的程度和状态。

建设天蓝、地绿、水净的中国，必须从"人定胜天"的理念转变为"尊重自然、顺应自然、保护自然的生态文明理念"，建设可感、可知、可评价的美丽中国。

三、美丽中国是指经济发展、生态良好、社会和谐、可持续发展的中国

（一）美丽中国是经济发展的中国

经济活动是人们从事其他活动的条件与基础，缺乏必要的物质条件，其他活动就失去了依托。所以，当前中国的首要任务仍是发展，但现阶段的发展已经到了以环境保护优化经济增长的新阶段。建设美丽中国，就要在发展中求保护，在保护中求发展。加快经济增长方式的转变，扭转传统的粗放型的经济增长方式为可持续的发展方式，建立低投入、高产出、低耗能、少排放的绿色国民经济体系。用群众的话讲，美丽中国就是既有金山银山、又有绿水青山。

（二）美丽中国是生态文明的中国

建设生态文明是实现美丽中国的必由之路。建设美丽中国

与建设生态文明具有一致性,生态文明建设取得显著成效是美丽中国的根本标志。生态文明的建设要求人们思想上的转变、行动上的实施以及制度上的保障,其中要以生态文明制度为激励约束机制,以可靠的生态安全为必保底线,并将改善生态环境质量作为根本目的。

（三）美丽中国是社会和谐的中国

社会主义和谐社会是民主法治、公平正义、诚信友爱、充满活力、安定有序、人与自然和谐相处的社会。坚持公平正义能够妥善处理社会各方面的利益关系,人们奉行诚信友爱,能够融洽相处。若要使社会充满活力就要支持创新活动、肯定创新成果；实现社会的安定有序则要实现社会秩序的良好发展、人民群众安居乐业,社会的安定团结。人与自然和谐相处,则要实现人类社会系统与自然生态系统的协调发展、和谐共处、互惠共存,只有这样才能推动建成和谐社会人人共享的美丽中国。

（四）美丽中国是可持续发展的中国

可持续发展的理念为我国推进美丽中国建设提供了新鲜观念和学习借鉴。可持续发展是指发展的可持续性,既要关注当前的发展,又要考虑未来的发展。坚持可持续发展意味着中国不能认同西方发达国家在生态环境上曾经主张并实践的"先污染,后治理,再转移"的理念,意味着中国必须改变"唯增长速度"和"唯政绩化"的发展观念。

所以说,美丽中国,是时代之美、社会之美、生活之美、百姓之美、环境之美的总和。在保持经济健康持续发展的基础上,实现人民民主的不断扩大及文化软实力的日益增强,努力构建和谐社会,凸显生态环境的优美宜居。应当说,这些方面是建设美丽中国的必备条件,缺少任一要件都是不美丽的。其中,优美宜居的生态环境最为重要,它是其他方面发展完善的重要前提。

第三节 生态文明是实现美丽中国梦的现实需要

中国梦是在对近代以来 170 多年中华民族发展历程的深刻总结中走出来的,既记录着中华民族从饱受屈辱到赢得独立解放的非凡历史,又承载着基于中国生态文明传统断裂而形成的历史伤痛和时代阵痛。虽然新中国成立后,中国共产党对建设生态文明提出了许多宝贵的思想,开展了生态文明建设的实践,但是由于发展经济的巨大压力,生态建设思想仍严重滞后,中国梦的实现受到了资源环境问题的严重制约。面对资源约束趋紧、环境污染严重、生态系统退化的严峻形势,我们党把生态文明建设放在经济社会发展的突出地位,融入经济建设、政治建设、文化建设、社会建设各方面和全过程,作为实现中国梦的一项重大而又紧迫的历史使命。"良好生态环境是人和社会持续发展的根本基础。"

一、建设生态文明是实现美丽中国梦的时代要求

中国梦要实现国家富强、民族振兴、人民幸福,就要求在建设中国特色社会主义的伟大事业中,必然要把建设生态文明作为一个重要的战略任务。因为社会主义生活方式形成的一个重要条件是建立起人与自然之间的和谐关系,即建设生态文明。不能设想,当自然界与人处于尖锐的对立状态,还怎么能够建立健康的生活方式?还怎么能够展现社会主义的本质特征和核心价值?坚定不移推进生态文明建设,实现美丽中国,是"中国梦"宏大诗篇的应有之义。

(一)生态文明是民族复兴的重要前提

中华民族命运发展的关键因素就在于实现民族的复兴,可以说这也是整个中华民族的理想与目标。实现中华民族的伟大复

兴,从整体上来说是实现政治、经济、文化、社会与生态等方面的共同发展,只有促进经济发展、保持政治稳定、不断改善民生,大力繁荣社会文化、发展环境,才能从根本意义上实现中华民族的伟大复兴。其中,不断改善生态环境,增强经济发展的可持续能力,资源利用率显著提高,人与自然和谐发展是中华民族复兴的应有之义。

生态文明建设是中华民族永续发展的紧迫需要。建设生态文明关乎民族未来的长远大计,我们要把握好工业文明向生态文明转换的机遇期,大力发展生态文明建设,才能确保中华民族的永续发展。

(二)生态文明是国家富强的重要基础

富强是中国梦的首要目标,是国家和人民的理想。经济的贫弱直接造成国家的落后,富强关系到国家前途与命运,所以,在新阶段我们必须坚持将经济建设作为中心,将发展作为第一要务,大力提升物质文明,把我国建设成为一个经济大国。经过半个多世纪的艰苦奋斗,我国的经济实力、综合国力显著提升,但在国家经济发展、人民生活水平提升的同时,资源的保护、环境的治理却落下了一步。我国现在仍是资源小国、环境弱国、生态贫国。当前,资源约束趋紧、环境污染严重、生态系统退化的严峻形势已经成为我国实现国家富强的一大阻碍。

离开经济发展讲环保,是缘木求鱼;离开环保谈经济发展,是竭泽而渔。将经济富强建在生态富强的基础上,走生态优化的生态经济协调发展之路,实现协调、可持续发展,才能真正实现国家富强梦。那种以绿水青山换取金山银山的发展方式只能是饮鸩止渴。生态财富是国家重要的财富,生态富强是国家富强的重要内容和根本基础。

(三)生态文明是人民幸福的重要条件

中国梦是民族的梦,是每个中国人的梦,中国梦实现的最终目的是为了人民的幸福。过去,我们认为幸福就是物质的幸福,学有所用、劳有所得、老有所养、病有所医、住有所居,人民过上物质充裕的生活,但随着生活的宽裕,人们更希望得到精神的幸福与生态的幸福。在生态环境日益恶化的情况下,人民更渴望蓝天白云、青山绿水的生活环境。干净的水源、新鲜的空气、放心的食品成为人民群众最迫切的需要。

二、生态文明是实践可持续发展的基础

生态文明是彻底抛弃"人类中心主义"的文明形态,它不但蕴含着丰富的可持续发展的内涵,而且在可持续发展的过程中发挥着指导基础的作用。

(一)可持续发展的内涵

所谓可持续发展,是指一个国家在推动现代化建设的同时实现的劳动成果不仅能满足当代人对生存和生活发展的需求,而且不会对后代的生存发展造成危害。

第一,可持续发展是实现我国发展前景拓宽的战略要求。走可持续发展道路,不仅要从拓宽空间和优化结构等方面解决我国现代化建设的全面性和协调性的问题,还必须从时间上对现代化建设可能造成的后果进行预估和控制,不仅要关注当前利益,而且要重视长远利益,这就使得可持续发展成为我国拓宽发展前景的战略要求。

第二,可持续发展的内涵是实现经济增长、社会发展、资源节约以及环境保护的有机统一。对可持续发展的内涵进行解读,首先要对我国的现代化建设现状进行分析,虽然可持续发展在全世界范围内都受到了一致的肯定,也越来越成为各国发展社会经济过程中的重要要求。但是我们必须看到,尽管我国一直在现代化建设中坚持可持续发展的基本要求,但由于我国资源和环境问题的频繁出现,将可持续发展作为科学发展观的基本要求之一就不

仅要遵循可持续发展的一般规律和共同价值取向,而且要立足我国发展现状对可持续发展进行具体解读。

我国对可持续发展内涵的解读,经历了一个不断发展和提升的过程,并且随着我国社会的不断发展仍然在发生着变化,直到党的十七大将其作为科学发展观的基本要求,我国才对可持续发展形成了独有的"中国内涵"的理解。大体来说,我国对于"可持续发展"的理解,可以总结为以下几个方面。

一是坚持可持续发展,要坚持生产发展、生产富裕、生态良好的文明发展道路,建设资源节约型社会,实现经济效率与结构质量增长相统一的目标,实现经济发展同人口资源环境的协调发展,推动人民在良好的生态环境下生产、生活,实现人的全面发展。

二是要想真正实现可持续发展,就要坚持以科学发展观为指导,以实现国民经济又好又快发展为最终目标,加快转变中国经济发展方式、优化产业结构、提高创新能力、降低能源消耗,真正实现经济效率的提高。

三是实现可持续发展,必须坚持建设生态文明,以建设资源节约型、环境友好型社会为具体导向,加强同国际间的合作,在保障国家环境和资源安全的前提下形成可持续发展的系统保障体系。

四是实现可持续发展,必须树立以人为本的观念,树立节约资源、保护环境、促进人和自然和谐相处的观念。要强化经济、环境、生态等效益相统一的意识。

第三,可持续发展的关键是加快建设资源节约型、环境友好型社会。根据数据研究显示,到 2020 年,我国的经济总量将达到 35 万亿元,人口数量将达到 14.5 亿~14.9 亿。依照这样的预估进行计算,我国的环境承受压力将是 2000 年的 5 倍以上,如果环境质量保持不变,那么资源消耗和污染将更加严重。因此,建设资源节约型、环境友好型社会已经成为我国现代化建设过程中不可绕过的重要课题。

（二）实践可持续发展需要以生态文明的哲学观和价值观为指导

生态文明哲学观的同一性占主导的原理及其价值观，不但强调人与自然的和谐协调关系，而且强调这种关系的实现关键取决于充分发挥人的主观能动性，是一种主动进取式的和谐而不是被动的顺从式的和谐，它把人类社会的发展与自然的发展相统一在人的主观能动性之中。人类社会的发展离不开自然的发展，自然的发展同样离不开人类社会的发展，人类充分发挥自己的主观能动性，在自然生态系统的基础上发展社会生产力，推进人类社会的发展，又通过人类社会的发展（如先进的理念、先进的机制和先进的技术）推进自然生态系统的发展，这两者互相包含、相辅相成，互相促进，才是完整的可持续发展观。①

生态文明是人类在物质生产和精神生产中充分发挥主观能动性，使人与自然、人与人、人与社会和谐协调发展的产物，是物质、精神、制度成果的总和。所以，在生态文明观指导下的可持续发展，对社会而言，不仅仅是经济的发展，而是社会的综合发展，它要求社会政治、经济、文化；城市、乡村；物质文明、精神文明、社会制度等全面发展。同时，对自然而言，不仅仅是自然资源的增加，它要求整个自然生态系统的发展也处于一种良性循环的状态。自然资源的增加不等于自然生态系统的改善。例如，同样蓄积量的天然林与人工林，它们主要的森林资源基本是相同的，但因为森林结构不一样，它们的功能是大不相同的，生态系统的总体状况差异也比较大，天然林的功能比人工林大、生态系统状况比人工林好。

（三）实践可持续发展需要以生态文明的整体性和长远性思想为指导

这种持续发展必须体现两个取向：一是以代际平等为主要内

---

① 廖福霖.生态文明建设理论与实践［M］.北京:中国林业出版社,2003,第58—59页.

容的未来取向,当代人发展要对后代人的发展负责任,不要透支后代人赖以发展的生态环境资源。因为后代人是没有办法参与上一代人的发展并且对上一代人的发展提出意见的(比如,他们不可能要求上一代人不要把森林砍尽,等等),所以当代人在发展中要有对后代人负责的自律精神,要多为后代人的发展着想,留下足够的自然资源。这还不够,可持续发展还要求当代人要为后代人创造一个更好的生态环境,我们不应当把垃圾世界留给后代人去处理,而应当把一个美丽的家园留给后代人,并一代接一代,一代比一代好。二是以代内平等为主要内容的整体取向。如果说代际平等是纵向负责的话,那么代内平等就是横向负责,它包括国际间的负责和区域间的负责。一个国家的发展要对邻国的甚至全世界的生态环境负责,比如二氧化碳的排放量不仅是污染本国,而且污染邻国,甚至造成全球的温室效应,成为跨国公害。同样地,一个地区的发展要对相邻地区以及全国的生态环境负责,比如流域上游上马工业项目,必须以不污染流域的水体为前提,如果上游上马的工业项目会污染水体,会影响流域中下游的人民饮水卫生,而又没有采取有效的清洁生产技术措施的话,那就不能上马,这就是整体取向。

(四)实践可持续发展需要以生态文明的伦理精神为指导

把推动社会发展的关键局限于科学技术方面是狭隘的科技至上主义表现,工业文明虽然带来了社会的巨大进步,但也严重破坏了自然生态环境。科技革命的发展,信息技术的进步,非但不能拯救天空、大地、海洋于化学毒素污染的泥潭之中,反而有变本加厉的趋势;非但不能保护生物的多样性,反而向着毁灭地球上的一切生命,甚至是人类和人类文明自身的方向发展。科学技术只是人们认识和改造自然的手段,人们在运用科学技术改善生态环境、加强物质建设的同时,更需要新的指导思想来指导人们的行动。生态文明的伦理精神在树立人们的生态意识与生态道德,舍弃非生态化的生活方式,推进绿色消费方面发挥着重要作用。生态危机实际上是工业文明与生态系统之间的冲突,是人类道德危机严重性的表现。人类是自然界发展的产物,包括人的生产、生活在内,都离不开自然。可持续发展体现着自然资本、物质资本、人力资本的有机统一,其中,自然资本能否持续发展是可持续发展的物质基础和前提条件,离开了自然资本的可持续发展,其他两个资本的发展都无从谈起。

（五）生态文明是可持续发展的精神支柱

生态文明是一定的社会历史的产物,是社会进步的结果,是可持续发展的精神支柱。

可持续发展思想产生的根源是人类面临的日益严重的生态环境问题,生态环境也是可持续发展思想的始终关注点,自然生态资本的可持续发展仍是可持续发展的基础。因此可持续发展要求人们要重视自然,重视生态环境,具备生态伦理与道德,要把人类自己的行为,包括生产活动和生活方式都要限制在与自然环境处于和谐关系的范围内。在这样的过程中形成的生态文明,它包括物质文明和精神文明在内,是一种整体的文明,是社会历史发展到一定程度的产物,是社会进步的结晶。

解决可持续发展关键点的自然环境问题需要全新的生态文明观。我国作为发展中国家,在现代化建设过程中更需要以生态文明观为指导,以避免发达国家走过的"先破坏,后建设;先污染,后治理"的路子。过去我们常说,我国是地大物博,资源丰富的国家,这是就绝对数而言,我们的国土面积居世界第三位,可以说是大的;资源也可以说是丰富的:森林面积居世界第四位（其中人工林面积居首位）;矿产储量居第三位;可开发水能居世界第一位。但我们同时还是一个人口大国,按人均占有量看,我们却是资源贫乏的国家,人均矿产资源为世界平均水平的 $1/2$,耕地为 $1/5$,水资源为 $1/4$,森林资源为 $1/10$ 。加上在过去的发展过程中,忽视了资源和环境的问题,资源浪费与污染并存,危及了生产和人类自身的生存。一句话,我们的经济增长背后是资源的过量消耗,是以物质资源和环境为代价而取得的,这是一种不可持续的发展模式。其主要特征有:(1)在理论及指导思想上:片面的文明观,把物质文明等同于发展,忽视精神文明,更忽视生态文明;(2)在实践中重物质文明建设,轻视精神文明建设和生态文明建设;(3)文明建设的结果呈现出破坏性,不可持续性的特征。森林过度采伐,草原过度放牧,甚至为了挖甘草而使草原遭受灭顶之灾,还有被严重污染的滇池、太湖、淮河等,这都是粗放型经济增长方式的代价,是忽视生态文明的生产方式和生活方式的必然结果。

精神文明是人类改造客观世界和主观世界的精神成果的总和,它是实施可持续发展的精神支柱,是物质文明建设的智力支撑和思想保障。因为实施可持续发展的主体是全体人民,只有主体的觉醒,才能促进可持续发展战略的实现。因此,只有培养起适应可持续发展要求的具有较高思想素质和科技文化素质的社会主义公民,可持续发展才能由理想变成现实,由思想变成实践。开展生态文明建设的一个重要目的,就是提高公民的素质。这也是克服一手硬一手软的最为根本的途径。生态文明既是高层次的物质文明建设,又是精神文明建设的深化和升华,它不但能吸收物质文明建设和精神文明建设的一切成果,又能赋予他们以新的内涵和外延。生态文明与物质文明、精神文明之间并不是并列关系,生态文明的概括性与层次性更高,外延也更宽。

第二章　生态文明建设的思想基础

历史的巨轮匆匆进入 21 世纪，人类面临着许多生存危机，比如淡水资源短缺、土地荒漠化、能源匮乏等等，这些因素都成了各国发展的绊脚石，也为人类的明天敲响了警钟。自古以来，人们对生态文明建设进行过很多次探索，这些研究成果构成了一笔无形的思想宝库，值得我们每个人认真地进行研究与分析，从而为中国生态文明建设奉献出一分力量。

第一节　马克思主义的生态文明思想

何为马克思主义经典作家？关于这点，仁者见仁智者见智，但最常见的说法是，马克思主义经典作家是在创立与发展马克思主义的过程当中，一些对马克思主义进行了研究，对马克思主义的创立与发展作出了很大贡献的人。但是马克思主义经典作家并不是传统意义上的生态学家，或者是对于生态伦理和生态文明进行研究的人。生产力决定了生产关系，而社会现实则在很大程度上决定了马克思主义经典作家具体包括哪些人。在 19 世纪至20 世纪前半期，生态文明问题还远远不足以构成对社会的威胁，所以理论家是不可能把目光聚焦于此的。但是，不管时间怎么转变，自然都是个生生不息的话题，资本主义在快速发展的同时，其造成的一系列资源环境问题也纷至沓来，所以马克思主义经典作家不仅对自然观有着系统的分析，而且对于资本主义世界的非生态学以及生态性都有着敏锐的洞察与梳理。资本主义制度与资本主义社会有着很多弊端，马克思对其进行大力批判，这里既有政治经济学批判,比如他所提出的风靡全世界的"剩余价值"理论,也有对于生态学的极大关注与批判。在马克思的众多著作里,我们都能够看到他对生态学投入深切的关注与研究,同时又针对资本主义社会旁若无人地对大自然进行种种破坏给予猛烈批判,这为我国生态文明建设提供了一定的启示。

一、马克思主义经典作家给予资本主义的非生态性和反生态性的揭示与批判

马克思主义经典作家认为,资源环境发生的一系列生态危机,其实质都是因为资本主义制度发生了危机,是资本主义的一大顽疾。资源环境发生的一系列生态危机可以通过人与自然关系的不友好、进一步恶化表现出来,可进一步看作经济、政治、社会等各个方面在制度上、体制上、机制上出现了问题。既然自然是一个社会概念,那么自然的异化现象当然要归属于社会问题范畴。人与自然的关系是怎样的,可以通过人与人之间组成的社会关系反映出来,畸形、扭曲的关系自然会导致畸形、扭曲的自然观以及人与自然的关系。人与自然的相处中出现了对立、矛盾、冲突四起,其实质上都是因为人与人之间的社会关系不是乐观的,而是对立的,有矛盾、有冲突的。人是各种资源、环境、生态危机不断涌现的罪魁祸首。从外观上看,这些危机是自然灾害,从实质上来说,这些危机则是在资本主义制度下,人类播下的恶果。

资本主义世界里,资本家对工人进行劳动剥削,还对人类赖以生存的条件——大自然给予破坏,在异化劳动的同时,也对大自然进行了异化。在此社会阶段之前,人类在社会发展的同时,与自然和谐相处,并对自然给予人类的一切给予感激,对自然很崇拜。但是在资本主义制度下,一切都变了,自然界不过是一个物品,它不再有自为的力量,只是为了服务于人的基本需求。资本主义世界异化自然,使得人与自然的关系也被异化、扭曲。一方面,人们对大自然进行了疯狂的污染和破坏。正如马克思主义

说道:"一旦这条河归工业支配,一旦它被染料和其他废料污染,河里有轮船行驶,一旦河水被引入,只要把水排出去,就能使鱼失去生存环境的水渠,这条河的水就不再是鱼的'本质'了,它已经成为不适合鱼生存的环境。"①另一方面,人对自然界的感觉早已麻木、异化,忧心如焚、贫穷悲苦的人对于美丽的自然环境早已失去了感觉;经营矿产资源的人只会把目光聚焦在该矿产资源到底有没有开采的商业价值,而不会关注该矿物到底美不美。

资本主义对自然资源和生态环境给予一系列的破坏。马克思通过不断地对资本主义农业进行分析,有力地说明了在资本主义生产方式下,自然资源必定缺乏。在他看来,无论是资本主义制度还是私有制,都与合理的农业格格不入,而合理的农业所需要的恰恰是自食其力、丰衣足食的小农,或者是联合在一起的生产者的操控。真正合理的农业都会在资本主义制度或私有制上碰到不可逾越的障碍。

特种土地产品的种植受市场环境影响很大,随市场价格波动而波动,而且在资本主义农业里,人们热切盼望着的是直接的眼前的金钱利益。换句话说,资本主义农业所取得的任何进步,都是资本家压榨、剥削劳动者的方法的进步,同样也是抢夺土地资源的方法的进步。在特定时期内,在提高土地肥力所取得的任何进步都是在破坏土地营养肥力方面取得的进步。资本主义社会有力地促进了社会生产过程的技术,但是也极大地破坏了一切财富的源头,即土地和工人。同理,虽然机器和大工业可以源源不断地促进社会生产力向前发展,但却是以破坏自然资源、生态环境为代价的。无论原材料怎样增长,都不会超过资本的增长。资本主义生产方式以及资本主义社会关系里存在的众多障碍,都会导致不能对自然资源进行合理利用,进而导致猖獗的自然资源成本的增长,以及资本对自然资源、生态资源疯狂的掠夺,从而一发不可收拾。

---

①　马克思,恩格斯.马克思恩格斯全集(第42卷)[C].北京:人民出版社,1979,第369页.

同时,资本的贪得无厌和鼠目寸光不可避免地打破了自然环境和生态环境的平衡,进而断送掉资本所追求的东西。各个资本家进行生产和交易,都是为了获得最直接的利润,不存在没有利润的生产和交易。一个厂家或者商人进行商品买卖时,只要能够获得直接的利润,一切都万事大吉,他们不会关心自己商品的质量怎样,买主买回后效果好不好等问题,人们也是同样看待给予自然的影响。西班牙的种植场主为了获得直接的利润,对古巴山坡上的森林猖狂焚烧,他们只会考虑木炭作为肥料获得的丰厚利润可以用一个世纪,甚至更久,又怎会关心瓢泼大雨冲掉没有任何掩护措施的沃土,只留下光秃秃的岩石?人们为了自己的一己之利,不择手段地对自然界进行种种搜刮,不会考虑造成的恶果。所以,资本主义农业发展的背后,最终也只能出现沙漠化,资本主义的生产方式也只能滋生出种种生态危机。除非社会主义代替资本主义,否则资本主义也只能源源不断地遭受原材料成本上涨的阴影,进而更加猖獗地开发、掠夺、破坏自然资源,最终走入万劫不复的资源环境生态危机的连环套中。

　　资本主义只会把目光聚焦在生产无尽地发展,利润无尽地飙升,物质财富无尽地积累。但是,自然环境的生态危机却又断然使得这一美梦不可能成真。资本主义采取异化生产、异化消费使得经济不断发展,却又受困于自然环境的约束。自然资源并不是取之不尽用之不竭的,其与资本主义的无尽的生产能力和消费欲望有着不可跨越的鸿沟。资本主义迅速发展的背后必定会产生种种生态危机,换句话说,生态危机是资本主义制度固有的产物。当然,资本主义还会继而引发其他社会问题,正如列宁说道:"资本主义愈发达,原料愈感缺乏,竞争和追逐全世界原料产地的斗争愈尖锐,抢占殖民地的斗争也就愈激烈。"[①]所以,如何解决资本主义环境生态问题。答案只有一个:诉诸社会变革。

　　马克思认为,要通过解决社会问题进而解决生态环境问题,

　　① 列宁. 列宁选集(第 2 卷)[C]. 北京:人民出版社,1995,第 645－646 页.

而解决这些问题的根本途径是进行社会变革。在资本主义制度里,人对自然异化,只有改变这一荒谬、畸形的制度,才可能解决生态环境问题。在社会主义制度里,人与自然是和谐相处的,自然界可以真正地死而复生。我们要辩证地看待自然解放、社会解放、人的解放三者之间的关系,三者相互促进,相互制约,却又是同时被奴役、解放的。也只有人与人之间实现和解,人与自然才能够实现和解。

二、马克思主义经典作家的自然观、科学技术观中的生态内涵

在人、自然与社会三者关系中,自然究竟处在一个什么样的位置?马克思主义经典作家认为,在三者之中,自然处在基础性、本源性和先在性的位置。有了自然,人类才能够凭借劳动创造出物质财富。反观任何商品,都是自然和劳动紧密联系在一起的结果。但是,并不是只有劳动才可以实现物质财富。正如威廉·配第所说:"劳动是财富之父,土地是财富之母"①,巧妇难为无米之炊,再聪明能干的妇女,缺少了米这一自然资源,也做不出饭来。同理,没有了外部的自然世界,就犹如唇亡齿寒,工人不能创造出任何东西。所以,只有有了外部的自然世界,工人才有可能在劳动过程中创造出物质财富来。

马克思和恩格斯从独特的社会角度来看待自然观。马克思在著作《关于费尔巴哈的提纲》里批判了一个只凭借着主观猜想去谈论自然,而不是站在实践的角度去理解自然的费尔巴哈。马克思主义认为,人与自然的关系可以很好地从人与人之间的关系反映出来。也只有人与人实现和谐发展,人与自然才可能实现真正的和谐相处,所以每个人都应该把维护自然的生态平衡纳入到自己的思想世界里。恩格斯认为,生态文明的和解就是人与自

① 马克思,恩格斯. 马克思恩格斯全集(第23卷)[C]. 北京:人民出版社,1972,第56—57页.

然、自身的和解。

在马克思的自然观中,自然和社会是渗透在一起的。一方面,人与自然紧密联系在一起,只有拥有了自然这一前提和条件,人类才能够通过劳动进行实践,也就是"自然被社会所中介";另一方面,自然以及自然法律法规是脱离于人的意识而独立存在的,从广义上来说,社会发展的过程同样也是自然的历史过程,如果把自然归入到一个社会性范畴,那么社会当然也可以归入到自然范畴,也就是"社会被自然所中介"。从"社会被自然所中介"上我们可以看出,人类在社会里进行的种种实践既不能受制于自然,也不能随心所欲地违背于大自然的规律、法则。正如前文所述,自然处在基础性、本源性和先在性的位置,只有在自然这个大环境中,人们才可能进行社会主义实践活动,脱离于自然,任何实践活动都成了无源之水。这个世界的所有东西,包括我们的肉体、头脑都是以自然界为基础的,存在于自然界中。人类进行任何社会实践活动,都必须以尊重自然,尊重自然规律、法规为基础,否则人类会遭受到自然和历史的残酷惩罚,进而付出代价。我们不应该把征服自然当作奋斗的目标,也不应该深深陶醉在从自然界取得的每一次胜利,否则自然界会对人类进行疯狂的报复。每一次胜利,开始确实是达到了我们预期的目标,但是当自然界给予人类出其不意的报复之后,往往会把最初的成果又抹杀掉。

马克思的劳动概念也很好地说明了自然与社会的关系。马克思这样说道:"劳动首先是人和自然之间的过程,是人以自身的活动来引起、调整和控制人和自然之间物质变换的过程。"人类在社会主义实践中付出的劳动,是把目的性与规律性统一在一起的活动,所以,劳动不仅是人们有意识、有目的进行变革自然的一种活动,而且是人作为自然人,在自然的种种约束下,在遵循自然规律、法规的基础上,与大自然相互渗透在一起的过程。劳动必然是人类在自然下进行的社会活动。

在马克思的科学技术观中也同样蕴含着生态学。一方面来说,马克思认为,科学技术在发展的同时,也可以实现变废为宝、循环生产。比如,在化学领域里,每一个进步都使得有用物质的数量和已知物质的用途增加,进而在资本增长的同时,不断扩大投资领域。与此同时,它也教会了人们在生产、消费过程中把产生的各种废料重新投放到再生产过程的循环中去,从而实现不需要事先预支资本,就可以创造出新的资本材料,循环往复。另一方面,科学技术的发展可以降低资源损耗率,减少废物的排放,人们通过使用先进技术改良过的机器,可以用本来几乎没什么价值的材料,制造出有很多使用价值的产品。在生产的过程中,究竟多大部分可以变为废料,这还是要看所使用的机器以及工具的质量。

第二节　中国传统生态文化的现代转化

中国传统文化蕴藏着很多丰富又深刻的生态文化。其实,有了文化后,才会产生文明,任何文明都是以文化作为出发点的。在生态文化的深度与广度方面,中华民族都遥遥领先于其他民族,我们更是有充足的理由去深信,中国传统生态文化将会继续照耀在中国的神州大地上。说到中国传统生态文化,就不得不提到"天人合一"思想,因为"天人合一"思想是中国传统生态文化的基石,这可以从中国的古代神话里有力地体现出来,其中精华部分是尊重自然规律。21世纪的今天,要实现中华民族的伟大复兴,就必须在中国传统生态文化里实现复兴。古往今来,中国传统生态文化被很多学者们研究过,并提倡要勇于发掘和弘扬中国传统生态文化思想,这对于实现中华民族的伟大复兴有着深远的现实意义。

中国的传统文化里有着博大精深的生态文化思想,其中有很多深刻地揭示了人与自然之间的关系,并对生态问题的本质有所触及,这些都是我们在进行生态城市建设中可以借鉴和吸收的精华部分。比如中国的传统文化里,有很多"天人合一""仁民爱物"等体现天地间万物融为一体的生态思想,这些无不体现着我国传统生态文化的精华。

"天人关系",顾名思义是天与人之间的关系,在中国古代思想史中占据着十分重要的位置。虽然在这里的"天"有着多重含义,但是很显然,"自然之天"确是集中要体现出来的意思。因此,天人关系的主旨内容就是人与自然之间的关系。人类对于人与自然之间的关系进行了孜孜不倦的探索,形成了源远流长的中国传统生态文化思想。总之,中国传统生态文化思想可以从三方面概括出来:天人合一的生态世界观,厚德载物的生态伦理观,顺应时代的生态实践观。

一、天人合一的生态世界观

儒家认为天地的自然演化过程是一个生生不息、源源不断的自然过程。它的观点是,天道刚健流行,来源于原始的创造力,进而统领万物,使得整个世界万物的秩序可以井然有序。人类又是自然界经久不息的产物,由于人的发展离不开天地万物这一载体,所以,在整个自然界中,人也是其中的一个部分。世界上的万事万物都是来源于天地,它们之间有着紧密的有机联系。

《易经·文言》这样说道:"夫大人者,与天地合其德,与日月合其明,与四时合其序,与鬼神合其吉凶。先天而天弗违,后天而奉天时。天且弗违,而况於人乎? 况於鬼神乎?"①也就是大人的德性,要与天地的功德相契合,要与日月的光明相契合,要与春、夏、秋、冬四时的时序相契合,要与鬼神的吉凶相契合。在先天而言,它构成天道的运行变化,那是不能违背的自然功能。在后天而言,天道的变化运行,也必须奉行它的法则。无论先天或后天的天道,天尚且不能违背它,何况是人呢? 更何况是鬼神? 所以,

---

① 易经·乾·文言。

我们可以看出《易经》里阐述了人与自然界、人与人、人与鬼神是一种什么样的关系，并且说明了协调这些关系的法宝，也就是"天人合一"，这也是衡量大人是否能够成为大人的重要标准，同时也是儒家针对生态世界所持有的价值立场：世界上天地万物与人类相互促进，才能实现共生共荣的"天人合一"。

《易传·系辞上》有着这样的阐述："与天地相似，故不违；知周乎万物而道济天下，故不过。旁行而不流，乐天知命，故不忧。安土敦乎仁，故能爱。范围天地之化而不过，曲成万物而不遗，通乎昼夜之道而知，故神无方而易无体。"也就是《易经》与天地相似，并行不悖，易经于万物无不尽知，其道普济天下而不会有什么差错。虽然广泛运行而不放逸，乐天道而知性命，所以，没什么可忧虑的。安于本位，深植仁义，所以能生大爱。天地之变化无不囊括其中而不会有什么差错，化育生成万物而没有遗漏，贯通阴阳消长而尽知，所以，神者，无不变之方法，易者，无固定之体式。从这里我们可以看出自然的美好原则就是保持阴阳对立又对立统一，通过阴阳变化，来制造天地万物。天地间自然的变化规律都囊括其中，但并不违背这些规律，促进万物不遗漏万物，去彰显昼夜更替的道理，所以可以推导出天地间万物兴衰变化的道理。易道所彰显出的精神没有固定的方式和模式。圣人所要做的一切事情就是与天地、日月、四时"合"，与天地间万事万物都有着和谐一致的关系。

《中庸》里这样说道："唯天下至诚，为能尽其性；能尽其性，则能尽人之性；能尽人之性，则能尽物之性；能尽物之性，则可以赞天地之化育；可以赞天地之化育，则可以与天地参矣。"也就是只有天下最为诚心的人，才能够完全发挥自己的本性；能够完全发挥自己的本性，就能够完全发扬别人的本性；能够完全发扬别人的本性，就能够完全发扬事物的本性；就可以帮助天地演化和养育万物；可以帮助天地演化和养育万物，就可以列于天地之间了。所以我们可以从中看到，人应该用一颗最虔诚的心，去让自己的本性发挥最大化，以此来帮助天地去养育万物。

《中庸》里也这样说道:"仲尼祖述尧舜,宪章文武,上律天时,下袭水土。辟如大地之无不持载,无不覆帱,辟如四时之错行,如日月之代明。万物并育而不相害,道并行而不相悖。小德川流,大德敦化。此天地之所以为大也!"也就是孔子继承尧舜,以文王、武王为典范,上遵循天时,下符合地理。就像天地那样没有什么不承载,没有什么不覆盖。又好像四季的交错运行,日月的交替光明。万物一起生长而互不妨害,天道同时并行而互不冲突。小的德行如河水一样长流不息,大的德行使万物敦厚淳朴。这就是天地的伟大之处啊!所以,我们可以看出这里的"上律天时,下袭水土"指的都是要遵循天地间万物的自然生长规律,从而能够达到"天人合一",即是文中的"与天地参",从而使得天地间万物一块生长,彼此却不相互影响,道路同时运行,彼此却相互不冲突。

在儒家的生态文化思想里,以人类为中心去考察生态有关的问题,但是却并没有认为人类应该高于自然之上,而是要求人应该与自然和谐相处,人与自然是平等的,一方都不能凌驾于另一方之上,且人应该尽自己最大努力去促进大自然的生机勃勃。

而道家则认为自然和人类是有机统一在一起的,并从整个宇宙的角度去看待天人关系,彰显出深刻的生态智慧。

老子持有这样的观点:"道"是宇宙万物的本原。正如他这样写道:"有物混成,先天地生。寂兮寥兮,独立而不改,周行而不殆,可以为天下母。吾不知其名,强字之曰:道,强为之名曰:大。"[①]也就是有一个东西混然而成,在天地形成以前就已经存在。听不到它的声音也看不见它的形体,寂静而空虚,不依靠任何外力而独立长存永不改变,循环运行而永不衰竭,可以作为万物的根本。我不知道它的名字,所以勉强把它叫做"道",再勉强给它起个名字叫做"大"。从中我们可以看到,老子认为道是万物的根本,老子认为道创生万物的同时,德又蓄养着天地万物,两者是一

---

① 老子·第二十五章。

个事物的两个方面,不可分割,体现着整体与局部之间的关系。

老子也这样写道:"道生之,德畜之,物形之,势成之。是以万物莫不尊道而贵德。道之尊,德之贵,夫莫之命而常自然。"①也就是道生成万事万物,德养育万事万物。万事万物虽现出各种各样的形态,但环境使万事万物成长起来。故此,万事万物莫不尊崇道而珍贵德。道之所以被尊崇,德所以被珍贵,就是由于道生长万物而不加以干涉,德畜养万物而不加以主宰,顺其自然。从中我们可以看到,老子认为"道"先于天地万物而存在,也认为"道"在天地万物之中存在,既彰显出超越性,也体现出内在性。老子有着这样的观点,世界万物都是来源于"道",最后复归于道,"道"在天地万物出现之前就存在着,并且以它的本性为原则去创造宇宙间的万物,正如他这样写道:"道生一,一生二,二生三,三生万物"。

老子这样说道:"故道大、天大、地大、人亦大。域中有四大,而人居其一焉。人法地,地法天,天法道,道法自然。"②也就是道大、天大、地大、人也大。宇宙间有四大,而人居其中之一。人取法地,地取法天,天取法"道",而道纯任自然。从中我们可以看到人居于"四大"之一,但是在宇宙天地万物之中,却并不比三者的地位大。人类源于自然,并与自然统一起来,必须在自然提供的条件下才能够生存下来,也必须在遵循自然规律的基础上才能谋得发展。

庄子同样肯定了人所有的一切都来源于自然。正如他在《知北游》这样说道:"天地有大美而不言,四时有明法而不议,万物有成理而不说。圣人者,原天地之美而达万物之理。是故至人无为,大圣不作,观于天地之谓也。"也就是天地具有伟大的美但却无法用言语表达,四时运行具有显明的规律但却无法加以评议,万物的变化具有现成的定规但却用不着加以谈论。圣哲的人,探究天地伟大的美而通晓万物生长的道理,所以"至人"顺应自然无

---

① 老子·第五十一章。

② 老子·第二十五章。

所作为,"大圣"也不会妄加行动,这是说对于天地作了深入细致的观察。庄子在《知北游》里也这样写道:"天下莫不沉浮,终身不故;阴阳四时运行,各得其序。惛然若亡而存,油然不形而神,万物畜而不知。此之谓本根,可以观于天矣。"也就是宇宙万物无时不在发生变化,始终保持着变化的新姿,阴阳与四季不停地运行,各有自身的序列。大道是那么混沌昧暗仿佛并不存在却又无处不在,生机盛旺、神妙莫测却又不留下具体的形象,万物被它养育却一点也未觉察。这就称作本根,可以用它来观察自然之道了。从中我们可以看出,宇宙间万物都在天道的养育中,并浑然不知,天地间万物都有着自己的功德与秩序,但却并不会加以说明。圣贤的人会懂得"道"的伟大,所以会效法天地而讲究无为。

舜问乎丞:"道可得而有乎?"曰:"汝身非汝有也,汝何得有夫道!"舜曰:"吾身非吾有也,孰有之哉?"曰:"是天地之委形也;生非汝有,是天地之委和也;性命非汝有,是天地之委顺也;子孙非汝有,是天地之委蜕也。"①舜问丞:"我可以得到并拥有大道吗?"丞说:"你的身体都不是你所据有,你怎么能获得并占有大道呢?"舜说:"我的身体不是由我所有,那谁会拥有我的身体呢?"丞说:"这是天地把形体托给了你;降生人世并非你所据有,这是天地给予的和顺之气凝聚而成,性命也不是你所据有,这也是天地把和顺之气凝聚于你;即使是你的子孙也不是你所据有,这是天地所给予你的蜕变之形。"从中我们可以看到,庄子认为人们的身体、生命、禀赋、子孙都不是由人类所拥有,而是大自然所赐予顺之气的凝聚物罢了,所以,人类应该本着尊重自然,尊重天地间万物的原则,与世界万物为友好,与人类赖以生存的自然环境和谐相处。

庄子同样这样说道:"以道观之,物无贵贱。以物观之,自贵而相贱。以俗观之,贵贱不在己。以差观之,因其所大而大之,则万物莫不大;因其所小而小之,则万物莫不小;知天地之为稊米也,知毫末之为丘山也,则差数睹矣。以功观之,因其所有而有

① 庄子·知北游。

之,则万物莫不有;因其所无而无之,则万物莫不无;知东西之相反而不可以相无,则功分定矣。"①也就是说从道的眼光来看,事物之间是没有贵贱之分的。以自身为绝对的观物标准,每一事物总是把自己看得尊贵而把别的事物看得低贱。从世俗的眼光来看,那么贵贱就不是由自己来判定了。用差别的眼光来看,从事物大的方面来张大它,那么万物没有不大的;从事物小的地方来小看它,那么万物没有不小的;如果你懂得天地也可以被看作小米一样小,毫毛的末端也可以被看作丘山一样大,那么事物之间大小的相对性就看得很清楚了。从功用的角度来看,从事物所具有用处的角度来肯定它,那么万物都不是没有用的;从它所不具备之功用的角度来否定它,那么万物都可以说是无用的;懂得东和西不过是方向相反但都不能够离开对方而单独存在,那么事物之间各有其功用也就确定了。所以,从中我们可以看到,世间万物的差别都是相对的,与小的事物进行比较,万物可以很大;与大的事物进行比较,万物又是很小的。虽然万物千差万别,但归根结底又是一致的,懂得了这个道理,人们就不会仗势欺人,贵己贱物了。

所以,道家理论彰显出了宇宙间万物都来源于道,宇宙是一个有着井然秩序并不断演化的有机生态系统,在这个大系统里,万物是其中的内在要素。无论是道、宇宙,还是内在要素,它们都有着本身的内在本性,也都是在遵循道赐予的本性的基础之上,进行存在和发展起来的。"无为而无不为",也就是无目的会导致有目的性。所以,大道无私,万物平等,尊道贵性,养性重生成了生态宇宙间万物的基本价值原则。总的来说,道家所遵循的基本价值取向就是强调让人们尊重自然规则,顺应自然时律,效法自然规范,在没有意识上去实现人与宇宙万物和价值的有机统一。返璞归真,也就是返回到最初的淳朴本真状态,是道家所倡导的有关知行合一、天人合一所达到的最高境界。

---

①　庄子·秋水。

二、厚德载物的生态伦理观

在生态伦理观上，儒家倡导的核心便是仁。孔子这样说道："仁者，爱人。"在他看来，人的仁心应该给予世间万物。

《孟子·尽心上》这样说道："君子之于物也，爱之而弗仁；于民也，仁之而弗亲。亲亲而仁民，仁民而爱物。"也就是君子对于万物，爱惜它，但谈不上仁爱；对于百姓，仁爱，但谈不上亲爱。亲爱亲人而仁爱百姓，仁爱百姓而爱惜万物。从中我们能够看到君子对于世界万物都很用心，但是因为对象不同，也有着不同的表达方式。

董仲舒也曾在《春秋繁露·仁义法》中这样写道："质于爱民，以下至于鸟兽昆虫莫不爱。不爱，奚足谓仁？"也就是诚信地对自己的子民进行爱护，对以下的鸟兽昆虫也要加以爱护，如果不进行爱护，怎么足以配得上自己的"仁"呢？所以，儒家的"仁"，不仅包括爱人，也包括天地间万物，包括自然、动物与植物。

张载也曾在《正蒙·乾称篇》里这样写道："乾称父，坤称母；予兹藐焉，乃混然中处。故天地之塞，吾其体；天地之帅，吾其性。民，吾同胞；物，吾与也。"也就是《易经》的乾卦，表示天道创造的奥秘，称作万物之父；坤卦表示万物生成的物质性原则与结构性原则，称作万物之母。我如此的藐小，却混有天地之道于一身，而处于天地之间。这样看来，充塞于天地之间的（坤地之气），就是我的形色之体；而引领统帅天地万物以成其变化的，就是我的天然本性。人民百姓是我同胞的兄弟姊妹，而万物皆与我为同类。所以，在张载看来，无论是人，还是世间万物，都是乾父坤母聚合在一起所生的子女，这些人都是我的同胞，世间万物都是自然界同一类中的成员。所以，每个人都应该相亲相爱，而且把爱普及到世间万物，所以人与自然的道德关系上升到了一个更高的层次，也就是人与自然是有着亲缘关系的，而且应该和谐共处，成为一家人。

儒家在生态伦理观上，将人性的完善与世间万物的繁荣昌盛联系在一起，讲究内圣而外王，也就是内在要有圣人的才德，在外在，要有王者风范；同样讲究成己并成物，也就是人性在进行完善的同时，世间万物也因为遵循自然禀性而不断地生长。

道家更进一步要求人类应该摆脱自我中心主义的桎梏，从更高的层次上来理解、看待世间万物，并认为用狭隘的主观偏好来理解、看待世间万物则会对自然界造成损害。

庄子指出，世间万物都是齐一的，根本就没有什么高低贵贱、大小是非。所以，人类应该尊重自然，顺其自然，听任自然变化，不做任何主观努力，以便回到最初的纯真状态。他对自然和人为进行了区分，《庄子·秋水》这样写道："河伯曰：'何谓天？何谓人？'北海若曰：'牛马四足，是谓天；落马首，穿牛鼻，是谓人。'"也就是河神说："什么是天？什么是人？"海神回答："牛马生就四只脚，这就叫天然；用马络套住马头，用牛鼻绹穿过牛鼻，这就叫人为。从中我们可以看到出自自然本性，而不施加各种人为就是自然。施加人为因素的就是人为。他提出主张自然、反对人为，并且在《庄子·秋水》有着这样的解释："天在内，人在外，德在乎天。"在他看来，天作为事物的属性是事物内在的、事物本身所固有的，不是通过外在的力量就可以获得的。并且，他这样说道："无以人灭天，无以故灭命，无以得殉名，谨守而勿失，是谓反其真。"也就是不要用人事去毁灭天然，不要用造作去毁灭性命，不要因贪得去求声名。谨守这些道理而不违失，这就叫回复到天真的本性。在庄子看来，人人都应该严格恪守大自然本性，不用人为力量去改变自然本性，是为了返回到最初的纯真。庄子在《齐物论》里曾这样写道："天地与我并生，万物与我为一。"以及"民湿寝则腰疾偏死，鳅然乎哉？木处则惴慄恂惧，猨猴然乎哉？三者孰知正处？民食刍豢，麋鹿食荐，蝍蛆甘带，鸱鸦耆鼠，四者孰知正味？猨猵狙以为雌，麋与鹿交，鳅与鱼游。毛嫱丽姬，人之所美也，鱼见之深入，鸟见之高飞，麋鹿见之决骤。四者孰知天下之正色哉？"大意是，我还是先问一问你：人们睡在潮湿的地方就会腰部患病甚至酿成半身不遂,泥鳅也会这样吗?人们住在高高的树木上就会心惊胆战、惶恐不安,猿猴也会这样吗?人、泥鳅、猿猴三者究竟谁最懂得居处的标准呢?人以牲畜的肉为食物,麋鹿食草芥,蜈蚣嗜吃小蛇,猫头鹰则爱吃老鼠,人、麋鹿、蜈蚣、猫头鹰这四类动物究竟谁才懂得真正的美味?猿猴把猵狙当作配偶,麋喜欢与鹿交配,泥鳅则与鱼交尾。毛嫱和丽姬,是人们称道的美人了,可是鱼儿见了她们深深潜入水底,鸟儿见了她们高高飞向天空,麋鹿见了她们撒开四蹄飞快地逃离。人、鱼、鸟和麋鹿四者究竟谁才懂得天下真正的美色呢?从中我们可以看到,人类与动物有着截然不同的居住条件,对于美食美色要求也不尽相同,并且所崇尚的标准也有很大差异。因此,任何的是非、对错都是相对的,人类不能用为自身打造的标准去要求世间万物的其他物种。

道教在生态伦理上对道家思想有着广泛而深远的继承。在生态伦理上,道教认为道物依成论,认为道能够化生出元气,元气也能够滋生出万物。

三、顺应时代的生态实践观

儒家要求人在进行具体社会实践中,应该遵循自然规律,在自然能够承受的范围内进行生产活动,人类应该顺应自然节律,达到天人合一的状态,备取万物用于各个方面,又不荒废万物。

在《易传·象传·无妄卦》中这样写道:"天下雷行,物与无妄。先王以茂对时,育万物。"也就是本卦上卦为乾为天,下卦为震为雷,天宇之下,春雷滚动,万物萌发,孳生繁衍,这是无妄的卦象。先王观此卦象,从而奋勉努力,顺应时令,保育万物。从中我们可以看出自然界万物按照自己的秉性,生长时没有错乱的情况,使得万物都能各尽其用,各得其所。

《论语·述而》这样写道:"钓而不纲,弋不射宿。"也就是说孔子用鱼竿钓鱼而不用渔网捕鱼;孔子用弋射的方式获取猎物,但是从来不射取休息的鸟兽。从中我们可以看到孔子对于世间万物的一颗仁爱之心。司马迁在《史记·孔子世家》里这样写道："丘闻之也，刳胎杀夭则麒麟不至郊，竭泽涸渔则蛟龙不合阴阳，覆巢毁卵则凤皇不翔。何则？君子讳伤其类也。夫鸟兽之于不义也尚知辟之，而况乎丘哉！"也就是我听说过，一个地方剖腹取胎杀害幼兽那么麒麟就不来到它的郊野，排干了池塘水抓鱼那么龙就不调合阴阳来兴云致雨了，倾覆鸟巢毁坏鸟卵那么凤凰就不愿来这里飞翔。这是为什么呢？君子忌讳伤害他的同类。那些鸟兽对于不义的行为尚且知道避开，何况是我孔丘呢？从中，我们可以看到孔子将竭泽而渔这样的做法视为不义之举，很显然这来自道德视域。所以，孔子对其猎取猎物有着很矛盾的心理，彰显出自己对于自然界万物的一种节制态度。

《孟子·梁惠王上》里这样写道："不违农时，谷不可胜食也。数罟不入洿池，鱼鳖不可胜食也。斧斤以时入山林，材木不可胜用也。谷与鱼鳖不可胜食，材木不可胜用，是使民养生丧死无憾也。养生丧死无憾，王道之始也。"也即是不耽误百姓的农时，粮食就吃不完；细密的渔网不放入大塘捕捞，鱼鳖就吃不完；按一定的时令采伐山林，木材就用不完。粮食和鱼鳖吃不完，木材用不完，这就使百姓养活生者、丧葬死者都没有什么遗憾的了。百姓生养死丧没有什么遗憾，这就是王道的开始。所以，在孟子看来，生态系统只有处于连绵不断的良性循环中，人类的生产实践活动才能得以持续进行，进而在实践中获得可观的馈赠。

《荀子·天论》里这样写道："不为而成，不求而得，夫是之谓天职。如是者，虽深、其人不加虑焉；虽大、不加能焉；虽精、不加察焉，夫是之谓不与天争职。天有其时，地有其财，人有其治，夫是之谓能参。舍其所以参，而愿其所参，则惑矣。"也就是不做就能成功，不求就能得到，这叫自然的职能。像这种情况，即使意义深远，那思想修养达到了最高境界的人对它也不加以思考；即使影响广大，那思想修养达到了最高境界的人对它也不加以干预；即使道理精妙，那思想修养达到了最高境界的人对它也不加以审查,这叫作不和自然争职能。上天有自己的时令季节,大地有自己的材料资源,人类有自己的治理办法,这叫作能够互相并列。人如果舍弃了自身用来与天、地相并列的治理办法,而只期望于与自己相并列的天、地,那就糊涂了。在荀子看来,自然界万物都遵循自身规律进行变化,人类不能凭借主观意志施加于自然界,但是人可以在遵循自然规律的基础上,实现天、地、人各司其职,进而与自然和谐共处。

道家则强调人类应该在遵循"道"的原则基础之上去给予天地间万物爱护,但这种爱护却并非是盲目的。人类要从动植物身上来获得生活资料,并对大自然进行开发与利用,这是古来已久的事实,但是人类必须遵循"道",对大自然给予合理的开发和利用。正如《太上感应篇》这样说道:"是道则进,非道则退。"①也就是凡是要做一件事情,先要想一想,合不合道理,合道理的,就前进去做,不合道理的,就退避不做。从中我们可以看到,道家强调我们应该在遵循自然之道的基础上进行合理开发利用自然资源,违背了自然之道,就是违背了天道,必将受到上天的惩罚。

第三节　西方生态思想的借鉴

在西方生态思想上,可以分为三个阶段,也就是机械论生态模式、浪漫主义生态学的产生、生态伦理学的构建。

一、机械论生态模式的形成

西方科学从最初开始,就深深地受到了传统基督教看待自然的态度的影响。传统基督教认为万灵论是离经叛道的,于是就推

---

① 太上感应篇。

翻了万灵论,使得人们可能本着超然脱俗的客观态度来看待自然,这个观点在早期获得胜利,使得西方科学可以把地球上的事物当作一个个沾染红尘的和可分析的客观对象并对其进行研究。在推翻离经叛道的万灵论之后,基督教对于人类关于自然的概念大加简化,最后简化成一种机械式的人工装置状态。

英国文艺复兴时期最重要的散文家、哲学家培根认为,世界不过是一个人类制造的乐园。这个乐园因为科学的运用和人类对其进行管理,而变得富饶丰富。培根预言到,在未来世界这个乌托邦乐园里面,人类将会恢复之前所拥有的尊贵和崇高的地位,而且他们之前在伊甸园里所享有的任何高于其他动物的权利会再次享有。在培根的意识里面,传统基督教俨然成了科学家和技师,为了打造成一个拥有更好的羊圈以及更绿的广场的世界,会提供多样化的工具。

但是,在牛顿力学里面,则是将整个自然界、宇宙想象成一架游离于自然之外,可以被诸神操纵的庞大机器,而且人也成了一架机器。人与自然是对立的产物,人游离于自然之外,与自然是截然不同的存在者。宇宙间一切事物、一切运动最后都可以用机械运动来进行解释以及说明。无论是人类社会,或是人,或者动物,或者世间其他事物,也都可以解释成机械运动。宇宙间万事万物都在千变万化着,它们的变化也不过是位置进行了移动,它们的组成受到原子数量的多少以及空间位置的移动的决定因素影响而发生变化。

卡尔·冯·林耐是18世纪瑞典一位著名的生物学家。他的代表作品是《自然系统》。这部作品向人类展示了一幅完全处于静止状态的关于地球生物互相影响、相互作用的画面。画面里,季节在不断转化着,一个人最初的出生和不断的老化,一天中的变化过程,真正的岩石的形成和磨损的过程。在这个循环转动的生存周期里面,一切东西都在不断进化着,但是一切东西又没有发生根本的改变。

林耐学派认为,人处于自然的经济体系中心位置,自然界万事万物都是生来为人类所服务的,人类有权利去追逐和享受一切可以使他们的生活惬意舒坦的东西。上帝是这架庞大运转的机器幕后的原动力,需要完美的秩序为其服务,也需要一种无法进行解释、说明的力量源泉。

林耐学派坚信,上帝的存在就是要使整个宇宙世界,当然最重要的要数人,在地球上能够过得幸福快乐;这里幸福、快乐的含义就是在物质上要过得舒坦、惬意。自然界的整个经济体系都是上帝对其进行生产以及获得最大化的效率。所以林耐学派对于生态模式说得最多的是人类进行开发的使命,却不是对其进行保护的使命。

二、浪漫主义生态学的产生

英国工业革命时期诞生出众多生态文学作品,这期间,浪漫主义生态学也就顺势诞生。其中吉尔伯特·怀特(Gilbert White,1720—1793)被称为是英国第一位生态学家,被誉为"现代观鸟之父",他的《塞耳彭自然史》是一部非常有代表性的生态文学作品。

在工业革命的大力推动之下,英国传统的农村公社所随之土崩瓦解。公地系统也被有力地废弃,土地也被整理成棋盘状,农民再也不能依靠土地进行生存,纷纷失地,数量庞大的失地农民开始蜂拥入城市,于是成了工业无产阶级的一部分。

时代进行巨大的变迁,吉尔伯特·怀特的故乡塞耳彭也无法避免这一时代的变迁。纵观他的一生,他生命中大部分的时间是在故乡塞耳彭村和平度过的。现在,这个村庄仍然保存着工业革命之前古老的优良传统,民风淳厚朴实,宁静又不失平和。他在《塞耳彭自然史》这一作品中,浓墨重彩地对塞耳彭村生态的变迁进行描绘,向人类展示了一个庞大复杂的处在风云变幻之中的统一生态体,并着力对塞耳彭自然史给予研究,表达了他对生态环境问题的深深忧思。

18世纪末到内战爆发为止,是美国的浪漫主义时期,这一时期也涌现出许多生态学家。亨利·D. 梭罗(Henry David Thoreau,1817—1862)是美国19世纪有着浪漫主义生态思想的一个非常有代表性的人物。他的一个代表作品是脍炙人口的《瓦尔登湖》,它既可以看作生态主义思想的代表作品,同时又是被很多人所力荐的文学名著。在梭罗看来,自然界中的每一个事物,都有着超脱于灵魂的"超灵"(oversoul)或者说是神圣不可侵犯的道德力。凡是物,活着的总是比那些死去的要好;对于人、鹿、松树,也同样如此。所以,我们应该对于大自然所持有的所有生命给予尊重。在梭罗看来,世界再也不是一个被机械规则遍布的统一体系,而是一种由超脱于灵魂的能力把自然间任何东西都连接成一个生机勃勃的宇宙中汩汩流动的能量。

无论是怀特还是梭罗,他们的作品都有力地表达了早期生态思想家给予自然生态问题的思考。工业革命给自然生态造成了一系列负面影响,他们给予有力的批判和反思,并且深深地怀念逝去的,早已不在的农业时代。他们在古代文学作品中不断地汲取语言修辞和情感智慧,凭着一颗寂寞的、恬静的、优美的心,用文笔寄托对生态环境深深的忧思。

三、生态伦理学的构建

西方思想家对人类所持有的中心主义给予种种批判,拓展延伸了道德关怀边界,建构起一种生态伦理思想。在他们看来,自然界作为一种存在形式,理应和人类一样享受到特有的关怀和尊重。代表人物穆尔(J. Muir)是美国19世纪环境伦理学家,在他看来,上帝所创造的联合体是由大自然和人类共同组合成的。所以,大自然理应和人类一样,体现出神的精神。所以,从这个角度,我们可以看出,大自然扮演的是人类依靠的教堂角色,是人类和上帝进行交流的场所。所以,尊重大自然也就成了人类宗教信仰的核心所在。伊文斯(E. P. Evans)对那些持有人类中心主义观点的人给予批判。他的观点是,人不过是整个大自然界的一小部分,也是大自然界的产物,那种认为人类可以从大自然中分离开来的观点是不正确的,所以,人类不能脱离自然界,从自然界中孤立开来。

在生态伦理学范畴内,有三种观点:动物权利中心论、生物中心论和生态中心论。

其中,边沁是第一种观点动物权利中心论的先行者。他的观点是,不能仅仅根据一些推理或者说话的能力,认为人类和世间其他生命形式存在着道德上的差别。因为无论是动物的痛苦也好,或者是人类的痛苦也罢,它们并没有本质上的差别,所以人类给予动物种种暴力是不道德的。

塞尔特(H. S. Salt)进一步继承和延伸了边沁的思想。他的观点是动物和人类一样,也应该拥有上天赋予的生存权和自由权。无论是人还是动物,它们最终都能组合在一起,成为一个共同的政府,通过不断对民主制度进行完善,从而把深陷残酷和不公正的环境中的人和动物都给予解放出来。

在持有第二种观点的生物中心论者们看来,道德哲学不能仅仅停留在关注动物权利的表面问题,自然群落,也就是生态系统或者大自然,也理应得到伦理关怀。

1859 年,达尔文的《物种起源》出版。达尔文所持有的主要思想是,地球上任何有幸存活下来的人都是由社会决定的。自然界是一个庞大纷乱的关系网,没有任何一个个体,或者物种能够脱离于这个网络之外而单独存在。即使是那些最不值一提的物种的利益也是非常重要的;毕竟在某个场所里,它们是社会众多成员的一个,也或许在先前的某个时刻里,就已经是这样了。在这个庞大纷乱的经济体系中,虽然总是在抽象的形象上去维持着稳定性,但是由于里面的成员总是不断地变化着,因此,它们不可能是完全一样的。从进化方面来说,有两种新物种能够出现和生存的途径。其一,新的变异有机体在激烈的竞争中,脱颖而出,成功地代替了另一种生物的位置;其二,有一个位置不知何时成了空闲的,所以一个变异的物种正好可以代替它。

达尔文是生物中心论的坚持者。根据他所持有的观点,人类和自然界其他的物种都可以同忧共乐,从而这种同忧共乐的体验可以在人类与其他的物种间构建起一种特别的情结来。虽然认同文明世界与野蛮世界存在着差别,但是他同样认为,人与其他物种间没有什么鸿沟不能跨越。达尔文认为,文明人不应该妄图去切断自身与生物学历史之间的联系,当然文明人也是不可能去切实切断这种联系的。虽然自然界也有很多残酷的地方,它并不是完全能给予人幸福、快乐的伊甸园,但是人不应该因此就去否定自然界的美好,或者认为自己在自然界之上,优越于自然。在人类和人类事物之外,存在着一个活的生物共同体,它永远都是人类的家和亲族。①

在持有生态中心论的人看来,生物中心论仍然有着一些缺陷。如果只是过度强调生命为中心,那么是否就意味着能够对非生命的存在物进行大加破坏以及损害呢? 所以,对于人与非人存在物之间存在的关系,我们应该从整个生态系统进行分析。生态中心论所持有的基本观点是,人类只是地球上存在的一个物种,要顺应自然系统、遵循自然生态系统,与生态系统保持平衡稳定的状态。假如人类打破了这一规律,就会导致这种平衡的打破,甚至会导致整个生态系统的崩溃瓦解。

1949年,持有生态中心论观点的美国代表人物奥尔多·利奥波德出版了一本《沙乡年鉴》。这本书是关于乡村生态自然问题的历史随笔。这里也有对于戒备森严,管理过分的现代世界流露出的失望。在他看来,在现如今这个荒野遍布、难以拯救、岌岌可危的时代里,人类对于大自然疯狂地大规模开发与利用,伦理关系已经从之前的人类与人类的关系转向到人类与大自然的关系。人类不能统治地球,因为人类并不是地球的主人,仅仅只是地球上生存的普通成员罢了。从另一方面进行分析,人类世界也并非

① [美]唐纳德·沃斯特. 自然的经济体系:生态思想史[M]. 北京:商务印书馆,1999,第220—229页.

只能容纳下自己。所以,人类在不断的社会发展中,应该持有合作意识,顾及宇宙间所有生命。人类应该对自己追求物质享受的心态给予种种限制,从而针对地球这一生命共同体,表达自己的忠诚热爱尊敬之情。

第四节　当代中国生态思想及发展

自新中国成立以来,中国历届党中央领导人在引领中国人民进行谋求独立、解放生产力的道路上,一直密切关注人与自然的关系。但是,由于人们认知水平有限,以及经济发展缓慢等各种条件的制约,党中央领导在进行处理有关人与自然关系的事情上,也走过一些弯路,碰到一些挫折,也曾因为不注重人口膨胀,过度开发利用自然资源,对大自然进行了种种破坏等违背客观规律的事情,给中国社会的发展和人们的生活带来了一系列的困扰。面对新形势、新情况、新问题不断涌现,党中央根据前车之鉴,不断地进行经验教训总结,并强化人们对于自然关系的认知,这些弥足珍贵的理论成果对于实现中国经济社会同生态资源环境相互协调发展,实现人类与自然和谐共处,以及实现人的全面发展都有着非常重要的现实指导意义。

一、以毛泽东为核心的第一代中央领导集体对人与自然关系的最初探索

自新中国成立以来,以毛泽东为代表的第一代中央领导集体就在马克思主义认识论主客体关系方面,阐释了人与自然之间的辩证关系。在毛泽东看来,人是自然界的产物,人们不仅要去认识自然,而且要发挥自己的主观能动性去改造自然。他这样写道:"吾人虽为自然所规定,而亦即为自然之一部分。故自然有规定吾人之力,吾人亦有规定自然之力;吾人之力虽微,而不能谓其

无影响(于)自然。"①在他看来,人类发展的历史就是在持续不断地认识世界和改造世界的过程当中,持续地从必然王国方向转向自由王国方法发展的历史。

毛泽东针对人与自然之间辩证关系的思想拓展了马克思主义针对人与自然之间关系二重性的规律,在时代发展的今天,依然有着非常重要的理论价值和意义。但是,在对自然进行有效利用与改造的一些具体实践中,毛泽东却把人与自然之间的关系对立起来,把人与自然的关系当作中国历史发展中一场新的"战争",他认为要团结全国各族人民一切力量发动这场新的"战争",也就是对大自然进行开战,发展中国的经济、文化,从而建设成一个新的中国。他认为,在人类对自然的开战中,高山可以低头,河水可以为人们让路,以及人类一定能够战胜自然。基于这样的信念之下,人们史无前例地掀起了一场"大跃进"运动、"全民炼钢"运动以及十年浩劫期间以粮为纲、毁坏山林开辟土地、将湖泊的浅水草滩围起来制造田地等其他活动。大量的森林植物被严重破损,生态环境持续地恶化,经济建设反而不见发展,产量倍增的美好期望也成了泡影。晚年的毛泽东在进行不断总结我国社会主义建设经验教训当中,充分地意识到自己做法的不明智之处,他这样说道:"大跃进的重要教训之一、主要缺点是没有搞平衡。说了两条腿走路、并举,实际上还是没有兼顾。在整个经济中,平衡是个根本问题,有了综合平衡,才能有群众路线。"②

毛泽东在针对人与自然之间关系的认识上存在一些弊端,反映出了中国共产党人在生态思想方面的一些局限性是中国特定历史环境下的产物。一方面,在毛泽东个人看来,他领导着中国人民一步步击败了敌人,一步步赢得中国的最终胜利,这些革命历程造就了他骨子里是有着战斗意念的,并用"人定胜天"观点来看待人与自然的关系,对大自然进行开战。既然是战争,就只能有一个胜利者和生存者,所以也就有了人类必须战胜自然并且征

---

① 毛泽东.毛泽东著作选读(上册)[C].北京:人民出版社,1986,第346页.

② 毛泽东.毛泽东著作文集[C].北京:人民出版社,1999,第80页.

服自然这样的误区。

从另一方面来说，新中国成立之初，中国经济青黄不接，百废待兴，于是发展生产力、建设新中国成了毛泽东领导新中国人民全力奋斗的当务之急，于是在对自然规划没有明确认知的情况下，大量开发利用自然资源的盲目性也随之而行，进而给中国的发展带来了种种影响。

二、以邓小平为核心的第二代中央领导集体生态观的基本形成

在经历了十年浩劫之后，一系列中国生态环境问题开始涌现出来，比如：水土流失、沙漠化等等，这对中国社会主义发展造成很大影响。作为中国共产党第二代中央领导集体的核心，邓小平不断地凭借前车之鉴，充分地意识到保护生态环境的必要性、重要性。针对加强生态环境保护，经济与生态协调发展等一些问题给予了宝贵的论述，于是中国共产党对于生态观的框架也就基本形成了。

（一）正视中国人口、资源与环境问题

长期以来，我们总是自豪地称自己的国家"地大物博""人口众多"，对此邓小平同志给予了科学辩证的分析。他曾经这样理性地写道："人多有好的一面，也有坏的一面"。[①] 虽然庞大的人口数量可以生产出更多的生活资料，但是这也同样意味着我们要对大自然进行索取更多的自然资源，生态环境也同样将要去承载着更大的压力，所以，"人口众多"是中国面临的最大的难题，在很长一段时间里都会是一个难题。针对"人口众多"的问题，我们在做好控制的同时，也要大力提高人口的综合素质。只有中国知识分子在数量、质量上都得到改善，中国才会实现真正的经济发展。

---

① 邓小平. 邓小平文选(第 2 卷)[C]. 北京：人民出版社，1993，第 164 页.

（二）自然生态环境是影响经济发展的重要因素

在 20 世纪 80 年代初期，中国四川、陕北等其他地方爆发了百年不遇的特大洪灾，给中国以及人民财产带来不可估量的损失。邓小平同志意识到，最近几年人们对大自然过度地开发、利用，森林已经快被采伐光了，因此宁愿不进口一棵木材，也要努力少砍伐一些树。他更进一步指出，进行有效的生态环境保护，不但可以避免经济损失，而且还能够产生出巨大的经济效益。他认为，如果把黄沙满天飞的黄土高原改造成草原和牧区，那么人们会获益无数，不仅会富裕起来，而且生态环境还会朝着更好的方向转化。

（三）依靠科学技术保护环境和开发资源

邓小平曾经这样说道："科学技术是第一生产力"。其实"科技是第一生产力"这一重要思想在中国进行经济建设方面也渗透到保护生态环境方面。在他看来，要想更好地解决农村能源、进行生态环境保护问题，最终都要依靠科学。除此之外，他还有力地提出了可以有效利用科学技术这一先进生产力来开发出更多新能源的思想。

邓小平同志针对环境保护工作，给予了极高的重视，毋庸置疑，这是中国共产党生态环境问题上取得的一个重要突破。在这些正确思想的引领下，中国朝环境保护工作方面又迈出了有力的一步。

三、以江泽民为核心的第三代中央领导集体生态观的发展完善

党的十三届四中全会以来，中国在经济发展中面临着人口、自然资源、生态环境等一系列压力。在不断加快的全球化大环境之下，以江泽民同志为核心的第三代中央领导集体基于中国不断

进行深化改革开放的环境,更加深刻地认识到要对中国生态问题进行建设、保护的紧迫性和重要性,在不断进行继承和发展邓小平生态观的基础之上,也形成了许多更加全面、完善的关于生态环境建设方面的战略思想。

(一)生态环境问题关乎中国可持续发展

自 1987 年,联合国世界环境和发展委员会正式提出了"可持续发展"的概念以来,可持续发展也就顺势成了国际社会中普遍推崇以及追求的目标。江泽民同志有效地汲取和借鉴世界各国先进理念,并且指出"环境保护工作是实现经济和社会可持续发展的基础"①,同时进一步指出,在进行社会主义现代化建设中,必须毫不动摇地实现可持续发展。且要平衡好各方面的工作,把控制人口、节约资源以及保护环境放在重要的位置,从而使得人口增长要适应社会生产力发展的要求,进而使得经济建设和资源、环境统筹协调,最终实现良性循环。除此之外,坚决不能浪费自然资源,走先污染后治理的道路,以防止严重的事情发生。

(二)保护生态环境就是保护生产力

中国共产党始终坚持把发展生产力当作中国社会主义建设中的根本任务,并且不断深化和发展对于生产力要素的认识水平。在面临一系列的诸如自然资源枯竭、生态环境受到严重破坏以及频频发生的自然灾害而造成的特大损失的现实问题中,江泽民同志提出"保护生态环境就是保护生产力"这样的科学论断。在他看来,只有在我国的环境意识不断提高,环境问题得到不断改善的情况下,我国才可能实现真正的民族的文明。

国际性是江泽民同志所持有的生态观方面的一个鲜明特征,在全球化的大环境之下,这样的生态观不仅有力地促进了我国国

---

① 江泽民 . 江泽民论有中国特色社会主义(专题摘编)[M]. 北京:中央文献出版社,2002,第 296 页 .

内生态环境建设,而且为全世界环境问题改善以及解决作出了不可磨灭的显著贡献。

四、以胡锦涛为核心的第四代中央领导集体的生态观的高度成熟

时代的车轮进入 21 世纪,我国不断加快在工业化、城镇化方面的进程。在我国经济社会快速发展的同时,对自然资源也有着与日俱增的需求,同时也面临着不断受到强化的资源环境的约束与限制。以胡锦涛为总书记的党中央领导人将生态环境问题放到与人类文明同等的高度,并且提出了生态文明的理念,从而形成了中国特色的生态文明建设思想,进一步标志着中国共产党领导人生态观方面的高度成熟以及完全确立。

（一）生态文明的实质——统筹人与自然和谐发展

在党的十六届三中全会上,提出的科学发展观在针对人与自然和谐共处的问题上,有着这样深刻的认知:增长并不是简单地与发展等同起来,如果只是纯粹地扩大数量,纯粹地追求速度,却不去看重质量和效益,不去看重人与自然的和谐共处,最终会出现增长失调,进而会阻碍经济的发展。在党的十七大报告中,胡锦涛同志将这一重要的认知更深一步高度概括和升华成关于生态文明方面的新理念,为中国进一步理解和落实生态文明理念标明了清晰明了的方向。

（二）生态文明中的公民素质——牢固树立生态文明观念

生态文明的最终进步很大程度上有赖于全社会公民素质的提升,所以,全社会都应该牢固地树立起生态文明观念。在胡锦涛看来,牢固树立生态文明观念并非是一朝一夕的,而是一项长期性与艰巨性并存的系统工程,它需要全社会成员共同配合努力,"充分发挥工会、共青团、妇联和计划生育协会等群众组织在

推进人口资源环境事业发展方面的作用"①,并且为社会各界力量在参与建设生态环境道路上搭建好平台,要重点加强对领导干部以及相关企业负责人进行有关生态文明理念的培训工作,不断地增强全社会力量对于生态文化的忧患意识,以及做好相应的环保工作,等等。

生态文明是中国共产党领导人在进行中国社会主义现代化建设中提出的创新理念,升华了之前人与自然之间关系的理论认识。胡锦涛同志在中国进行可持续发展的道路上作出了很大贡献。

五、以习近平为核心的中央领导集体生态文明建设思想的主要内容

整个人类社会的不断发展离不开大自然给予的种种资源。习近平同志的生态文明建设思想立足于人与自然的关系,从中国的国情出发,以更加丰富多彩的内容来引领着中国社会的不断发展。

(一)生态文明建设事关国家战略

1. 生态文明建设是夺取全面建成小康社会胜利的重要保障

小康社会是党和国家领导人带领全国人民不断奋斗的阶段性目标,每一个华夏儿女都期盼着小康社会的顺利建设,小康社会的顺利建设也就因此成了全中国人民进行描绘的宏伟蓝图。以习近平为核心的中国领导人,在带领全国人民为之努力奋斗,他曾这样说道:"我坚信,到中国共产党成立 100 年时全面建成小康社会的目标一定能实现,到新中国成立 100 年时建成富强民主文明和谐的社会主义现代化国家的目标一定能实现,中华民族伟

---

① 十六大以来重要文献选编(中)[C]. 北京:中央文献出版社,2006,第 826 页.

大复兴的梦想一定能实现。"但是,小康社会的建设并非是一朝一夕的,应该根据中国的实际发展情况分阶段实施,并完成这一目的。习近平生态文明的建设思想最直接有力地抓住生态环境保护这个关键点,在放开手来大力发展经济的同时,也有效地推进环境保护工作。这对于中国建设社会主义和谐社会有着非常重要的意义。

2. 生态文明建设是"五位一体"总布局的基本构成

随着中国的迅速发展,生态文明建设日益彰显出更加重要的地位以及作用。中共十八大已经明确地把"生态文明建设"纳入到中国国家总体布局之中,其中"五位一体"的总体布局更是为我们全面勾勒了一幅未来中国发展的蓝图,中国健康有序地发展的一个重要前提就是要进行生态文明建设。在习近平看来,走向生态文明健康发展的新时代,建成一个美丽富饶的中国,把促进绿色发展、循环以及低碳发展纳入自己的认知系统中,进而把生态文明建设融会到中国经济建设、政治建设、文化建设以及社会建设的各个环节之中。生态文明建设已经不再局限于环境保护方面,诸如生态政治、生态文化等其他领域也都可以通过生态文明的理念去指导它们发展,从而使得社会朝着更加健康的方向发展,整个社会关系也会变得更加和谐有序,让中国的子子孙孙更加幸福。所以,有力地进行生态文明建设可以极大地促进中国社会主义建设。

(二)生态环境就是生产力

1. 绿水青山就是金山银山

中国社会的发展离不开对自然资源的利用和消耗,人们应该摒弃人类中心主义观,人应该与自然和谐共处,不能对大自然不择手段地进行肆意的损坏。我们应该把保护环境资源纳入到自己的认知系统中。在过去的几十年里,中国在快速发展的同时,是以破坏、污染环境作为代价的,倘若人们一如既往地对大自然进行过度开采,人类必将会自取灭亡。已经不复存在的玛雅文明就是一个很有说服力的例子,我们不要重蹈覆辙。习近平同志深刻地认知到对自然进行种种破坏的严重性,认为人类要与大自然进行和谐共处,人类要做大自然的好朋友以及守护者,要尊重自然界各种规律、规则,合理有效地开发大自然。换句话说,祖国的山山水水,一砖一瓦就是我们的大自然,是我们赖以生存的基础,脱离了这一基础,人类也就失去了生存的基础,一切财富都不会存在。

2. 生态生产力观念

在马克思众多的生产力理念中,有着丰富的关于自然生产力的内容。在马克思看来,自然生产力为人类提供了丰富的自然资源。马克思有力地把自然生产力和社会的发展联系在一起,社会的不断发展离不开自然生产力,同理,自然生产力也有力地促进着中国社会的发展。如果煤矿、草原、森林等自然资源被人类过度地开采而消失殆尽时,生产力也就不复存在。所以,如果要保持源源不断的生产力,就必须对自然环境加大保护力度。习近平在马克思自然生产力基础之上提出了:"良好的生态环境本身就是生产力,就是发展后劲,也是一个地区的核心竞争力。"这一科学理论有力地强调了保护自然的重要思想,这也是国家与国家间综合竞争力的关键因素。所以,中国应不断地推动国家生态文明健康发展,从而提升国家的综合竞争实力,彰显中国社会主义发展的新理念。

第三章　当前推进生态文明建设的机遇与经验

　　我国推进生态文明建设是时代的必然,各种生态问题的产生严重影响了我国各个方面的发展。同时,在新中国成立后,我国经过了几十年的发展,各个基础领域都有了一定的发展基础,这为我国生态文明建设提供了有利的条件。加上国外关于生态文明的建设已初见成效,给我国建设生态文明提供了一些有价值的参考经验,所有这些都推动着我国生态文明建设一路前行。

第一节　我国当前的生态国情和生态矛盾

　　党的十八大将"大力推进生态文明建设"作为一部分内容单独列出来进行论述,标志着中国共产党对社会主义建设规律和人类社会发展规律认识上的新的升华。这是适应当前我国在社会主义现代化进程中所面临的日益严重的资源和环境问题的客观需要,又是立足于中国的基本国情、着眼于中华民族的长远发展所做出的伟大而又正确的战略抉择。

一、当前的生态危机严重

(一)环境危机的全球蔓延

　　工业文明确实创造了许多奇迹,但人们在享受工业文明带来的成就的同时,也不得不体验工业文明带来的后果。人类认识到矿产资源的用途,开始疯狂利用矿产资源,而大量使用矿产资源不仅使矿产资源大量减少,同时还带来了严重的环境污染问题。无论是空气还是水源,甚至土壤都不能幸免。矿物燃料的燃烧使用释放出温室气体以及一些有毒的气体,空气遭到了严重的破坏,大气污染带来的直接影响就是人类呼吸道疾病。同时,大气污染直接造成了温室效应、酸雨和臭氧层破坏的现象。水体污染不仅带来人类饮水问题,同时还造成地下水污染,整个地下水脉遭到污染。近年来,随着经济贸易的全球化发展,人类逐渐缩小了彼此之间的距离,国家与国家之间经济互利的同时,生态环境的污染破坏也呈现国际化趋势。如一些危险废物的越境转移,一些外来物种的入境从而造成当地生态的破坏。环境污染是造成人类生活环境质量下降的重要原因,同时还深刻地影响了人类的身体健康以及生产活动。

（二）资源短缺

工业文明的生产和增长依赖大量的自然资源投入,通过开采挖掘矿产资源,将其转化为人类可支配使用的财富,但能源和原材料的耗费十分巨大。能源和矿产资源是不可再生资源,短缺现象现已凸显。全球能源的开采期,有关资料认为,石油至多为 50 年,天然气至多为 70 年,煤炭资源也只有 200 多年。水是世界上最宝贵的一种资源。"地球有 70.8％的面积被水所覆盖,其中 97.5％的水都是咸水,无法直接饮用。而在余下的 2.5％的淡水中,有 87％是人类难以利用的两极冰盖、高山冰川和永冻地带的冰雪。人类真正能够利用的是江河湖泊以及地下水中的一部分,仅占地球总水量的 0.26％。而且世界上淡水资源分布极不均匀,约 65％的淡水资源集中在不到 10 个国家,而约占世界人口总数 40％的 80 多个国家和地区却严重缺水"①。另外,土地问题成为影响生态文明建设的重要因素,可利用土地资源的急剧减少,土地无法得到合理有效的充分利用,土地紧缺问题逐渐在我国的城

---

① 爱问知识人.目前地球上淡水资源的状况如何？〔EB/OL〕.iask.sina.com.cn/b/18101680.html.

市化进程中显现出来。由于土地供给的刚性使得周边大量流动人口和相关产业向城市中心过度聚集。因此严重的土地紧张问题存在并制约着我国现在城市化的发展。

（三）人口暴增

人类是自然发展过程中的主角，人类征服自然的能力在增强的同时，人口数量也在不断增大。随着科学技术和世界生产力水平发展的大幅度提高，世界人口以难以想象的速度暴增。人口暴增，已经对人类生存环境造成了巨大的威胁，也使地球生态系统遭受了前所未有的破坏。人口数量大幅增长需要更多地从自然界获取资源，获取食物，当自然界无法满足庞大的需求时，人类将更加疯狂地获取自然资源。与此同时，疾病、饥饿问题也慢慢体现出来，地球是我们赖以生存的自然环境，它的承载能力是有限的，暴增的人口无疑使资源短缺问题变得更为严重和难以解决。

（四）全球生态系统遭到破坏

工业文明的发展使经济大大增长，但随之而来的是前所未有的突出的环境问题。对资源大规模的挖掘和开采使整个生态环境变得羸弱不堪，人类攫取资源的魔爪伸向各个方面，土地资源、森林资源、水资源以及矿产资源等各种资源都难逃厄运。土壤侵蚀、水土流失、草原退化和土地荒漠加速蔓延，而随之遭殃的还是人类自身。全球每年因土地荒漠化造成的经济损失达几百亿美元。森林减少是许多国家面临的严重问题，造成了严重的后果。全球森林面积减少主要发生在 20 世纪 50 年代以后。由于整个生态环境被破坏，无论是人类还是其他生物，生存环境都变得十分恶劣，生物种类逐渐减少。从目前看来，世界上大约有 1 000 种高等动物濒临灭绝，约 2.5 万种有花植物的生存处于危险之中。由于气候的变化及人为的渔猎，使大量物种灭绝，生物多样性锐减，近 100 年来，地球物种的灭绝超过其自然灭绝率的 100 倍。总之，生态环境的恶化成为人类持续发展的最大障碍。

二、我国环境问题凸显,环境形势严峻

大量的资源消耗带来了严重的环境污染。其中,水污染、空气污染、耕地污染最为突出。南方有水皆污、北方有河皆干是我国水资源利用的基本状况。根据环境保护部公布的数据,可以看出,在 2012 年上半年,中国七大水系都有或多或少的污染。在这七大水系中,长江和珠江的污染比较轻一些,其余水系的污染都比较重,总体看来,位于北方的水系污染比位于南方的水系污染要严重,如黄河、松花江和辽河,海河为重度污染。我国已经成为二氧化碳、二氧化硫的世界第一排放大国。"2012 年二氧化碳排放量占全球的 1/4",[①]人均二氧化碳排放量超过世界平均水平。在全球空气受污染最严重的 10 个城市中,中国占了 7 个。2013 年中东部遭遇"十面霾伏"。各地 $PM_{2.5}$ 指标屡现新高,雾霾天气让半个中国呛声连天。目前,"全国受污染耕地 1.5 亿亩,占 18 亿亩耕地的 8.3%,大部分为重金属污染。根据 2013 年 12 月公布的第二次全国土地调查结果,我国中重度污染耕地大体在 5 000 万亩左右,这部分耕地已经不能种植粮食。"[②]2008 年以来,全国已发生百余起重大污染事故,包括砷、镉、铅等重金属污染事故达 30 多起。此外,我国垃圾污染、垃圾围城现象也十分严重,大约 2/3 的城市处在垃圾包围之中。

三、资源形势严峻,能源利用率低

(一)土地危机

从当前的现实情况看来,我国在开发利用土地上主要出现了

---

① 张高丽. 大力推进生态文明　努力建设美丽中国[J]. 求是,2013(24).
② 中国科学院可持续发展战略研究组.2014 中国可持续发展战略报告——创建生态文明的制度体系[M]. 北京:科学出版社,2014,第 120 页.

两个比较严重的问题。第一个问题是大面积土地质量退化;第二个问题是,土地资源浪费日益严重化,保证人民食物来源的优良耕地越来越少。我国农业经历了多年的发展,可以说发展历史比较悠久,而且开发利用的程度也比较高,能够利用的土地大多已经开发,可以利用的但尚未利用的土地数量十分有限,而且这些土地大多质量差,开发难度比较大。据有关方面统计,我国目前还有土地后备资源约 2 亿亩,但其中可供开垦种植农作物和牧草的宜农荒地仅约 1.2 亿亩,其中大部分分布在西北地区,土地开发在很大程度上受到生态环境的约束。

（二）水资源污染严重

水脏了(水体污染),水少了(水资源匮乏),水浑了(水土流失),以及在某些时候水多了(洪涝灾害),已是在中国一般人都能感觉到的影响人民生存质量,甚至是生存本身的严重问题。

从古代中国开始,人们就开始了对江河湖泊的利用,从开始的饮用水到后来的围湖造田,江河湖泊越来越处于一个不被重视的地位。到近代中国,江河湖泊更是被人们当作排污的场所。加上随便修建水库,盲目修建引水工程,整个水体系统遭到了严重的破坏,能够供人们饮用的水越来越少;甚至在一些地区出现了长期没有饮用水的情况。由于饮用水的污染和匮乏,人们患病和死亡的几率大大增加。

环境保护部 2013 年 4 月 19 日通报的 2012 年全国环境质量概况表示,地表水总体为轻度污染,环保重点城市集中式饮用水水源地达标水量 218.9 亿吨,水质达标率为 95.3%,地下水水源地达标率为 90.0%。近岸海域水质总体为轻度污染,在我国的四大海区,其中,黄海、南海的水质良好,渤海为轻度污染,东海为重度污染,在 9 个重要海湾中,黄河口水质优,北部湾水质良好,辽东湾、胶州湾和闽江口中度污染,渤海湾、长江口、杭州湾和珠江口重度污染。

而水资源的匮乏情况可见一斑。高速增多的公路铁路,矿山开采以及水利建设给自然生态环境造成巨大破坏。根据国土资源部、水利部和环境保护部的统计,2012 年我国水土流失面积达 356 万平方公里,占国土面积的 37%。

(三)矿物资源消耗大

随着经济的快速发展,资源需求量随之增加,国民经济建设需要的许多矿产均不能满足需求,我国资源和生态环境面临的压力将持续加大。工业化时代,人类看到了以往时代从来没有过的财富,贪婪的本性被巨大的财富诱惑所激发,工业生产急剧加大,这样产生了一系列的连锁反应,其中一个重要的方面就是对矿产资源需求猛增。从能源利用效率来看,我国仍然处于粗放型增长阶段。同其他国家相比,中国每单位国内生产总值的能源消耗量特别高,单位产值能耗比世界平均水平高 2.4 倍,与发达国家相比差距更大。比如,我国钢铁、水泥等主要原材料的物耗比发达国家高 5～10 倍,随着人口的增长,人均占有量的下滑,这种矛盾更为突出。工业时代虽然生产工具比较先进,但也仅仅只是相较于以往渔猎文明时代和农业文明时代而言的,急剧发展的生产和人类急剧膨胀的财富需求使人类并没有静下心来考虑一下自然的感受,因为采用的技术比较低端,再加上攫取财富各自为政,这就使得整个自然系统被糟蹋得千疮百孔。发达国家如此,发展中国家更甚。发展中国家看到发达国家从自然那里取得了巨大的财富,继而开始引进发达国家不成熟的技术,紧跟着发达国家的步伐谋求所谓的"发展",眼里只看到了发达国家取得的成就,而没有将发达国家发展过程中产生的问题放在眼里。直到自己在发展的过程中生态环境问题凸显,方才意识到发达国家那套发展模式的弊端。

(四)森林系统遭到破坏

远古时代的人类,已经意识到木材可以用来制造工具,可以通过燃烧进而取暖,也同时意识到森林土地的肥沃,已经有了毁林开荒的行为。到了近现代,人口急剧增长,毁林开荒、围湖造田、填鱼塘造田等更成为人们习以为常的生存方式。这些行为可以暂时缓解眼前的问题,但其结果却是每个人都不愿看到的,即近年来经常出现的沙尘暴。洪涝旱涝等现象也与毁林开荒有着直接的关联。同时,这些行为眼前看来是增加了耕地,但不过三年五载,耕地的营养元素逐渐流失,土地水分逐渐流失,原本用来做耕地的土地逐渐沙化,解决人民的吃饭问题也就越来越困难。对于我国这样一个人口大国而言,后果是不堪设想的。

四、人口均衡发展面临严峻的挑战

人口对生态环境的直接影响体现在三个方面:一是在社会发展水平一定的情况下,社会成员个体数量的增加必然会导致排入自然环境的污染物总量的增加,社会对粮食需求总量的增加,进而会加重环境污染和粮食危机;二是由于环境的自净能力有限,人口分布不均造成资源开发和污染程度的区域性差异,人口密度过大地区破坏相对集中;三是人口素质和环境保护意识的高低强弱,直接影响人类自身对生态环境破坏活动自我约束的自觉性,人口素质越高,生态文明意识越强。

当前,我国人口的均衡发展主要面临三大问题。

（一）人口过快增长与环境承载能力的矛盾

1949 年新中国成立之初,我国大陆人口为 54 167 万人,此后人口迅速增长,到 1969 年达 80 671 万人,根据以 2010 年 11 月 1 日零时为标准时间进行的第六次全国人口普查,我国总人口为 1 339 724 852 人,同 2000 年第五次全国人口普查的 1 265 825 048 人相比,10 年共增加 73 899 804 人,增长 5.84%,年平均增长率为 0.57%,总人口约占世界人口的五分之一。

人口自然增长率不断提高给生态环境带来了诸多问题,如人口膨胀、环境污染、资源枯竭、空间饱和等。生态环境的承载能力和人口自然增长的矛盾是我国人口与资源、环境协调发展的核心问题,人口众多、环境承载能力有限仍然是中国现阶段的基本国情。由于人口规模巨大,中国的平均发展成本是世界平均发展成本的 1.25 倍,中国人口对生态环境的影响处于极度压力之下,发达国家每年的环境保护投入已经占国民生产总值的 2% ~ 5%,中国仅为 0.7% ~ 0.8%。为此,在中国特色社会主义生态文明的建设过程中,要长期坚持计划生育的基本国策不动摇,稳定低生育水平,保持适度的人口增长,创造一个良好的人口环境。要坚持以人口带动城市发展战略,建立完善的人口安全警报、预警制度,科学推进宜居城市建设,完善户籍管理制度,实现经济规模壮大、人口规模合理、发展空间充分,生态环境优美的均衡发展格局。

（二）人口分布不均与区域生态均衡发展的矛盾

中国人口分布十分不均匀,每平方公里平均人口密度为 135 人。东部沿海地区人口密集,每平方公里超过 400 人;中部地区每平方公里为 200 多人;而西部高原地区人口稀少,每平方公里不足 10 人。不均匀的人口分布是造成我国生态环境危害的重要因素。人口集中地区,污染物的排放、对资源的开发利用相对集中,不进行合理的调节和控制,就会超出大自然原有的承载能力,造成对这一地区生态环境的破坏和污染;人口稀少地区,由于环境资源没有得到合理、充分的开发和利用,从而浪费了宝贵的生态环境资源。我国东西部人口分布不均衡,"东密西疏"的状态不仅制约了西部地区的开发建设,也带来了东部地区交通拥堵、环境噪声、过度开发、公共服务不足等诸多问题,制约了东部地区的产业转型升级和环境的可持续发展。

（三）人口素质偏低的现状与建立生态文明意识的矛盾

在建设我国社会主义生态文明的过程中,人口素质始终是一个重要的决定因素,总体素质偏低、不能适应生态文明建设的要求是不可忽视的现状,在很大程度上影响着我国的生产方式、消费模式以及价值观的生态化转向。

我国人口素质不均衡还表现为文化素质的相对领先和道德素质的相对滞后性。生态文明建设相对于以往任何文明形态,对人口的文化素质提出了更高的要求,要求在人的文化素质结构中融入生态意识,即生态文明视野下的文化素质不再受极端人类中心主义和功利主义支配,而是受到生态整体价值的引导,并服务于生态整体系统的存续。作为一种新的文明形态,生态文明将人的思想素质与文化素质相融合,共同作用于生态文明的建设中,思想素质是灵魂,也是高级文明形态和低级文明形态的差异所在。

五、中国生态环境方面的国际压力不断增大

中国的生态环境是世界生态环境的重要组成,作为世界上人口最多、最大的发展中国家,面对中国的环境污染问题给全球带来的影响,中国政府承受着来自国际社会的巨大压力。2006年4月,美国环保署(EPA)负责人斯蒂芬·约翰逊访问中国后,对英国媒体表示,中国向美国等国排放大量的空气污染物,其中包括燃煤电站所排放的含汞物质。随后,美国环保署宣称,洛杉矶上空25%的空气污染来源于中国。美国点燃了国际上对中国污染的声讨之火,中国的污染问题成为国际聚焦的热点。国际舆论对我国过去20～25年所走的"污染—繁荣"的发展道路表示质疑,并认为我国的环境污染已经超越国内经济问题的范畴。2005年,欧盟提出希望中国政府将环保纳入经济社会发展政策。总体来说,我国环境资源问题所面临的国际压力持续多年,主要表现在5个方面:环境安全成为国家安全的重要内容;污染物总量大,影响全球环境;与周边国家环境摩擦上升;资源需求增长,影响世界资源供给;环境问题已成为对外贸易的制约因素。

截至2010年,中国人口约13.41亿,占世界总人口的20%,

人类发展指数 0.663,超出世界人类发展指数 0.039,中国人均生态足迹约 2.2 公顷。中国是世界最大的能源消费国,煤消耗 32.5 亿吨,超过世界总消耗量的 20.3%。资源消耗接近 80 亿吨,其中铁矿石 16.9 亿吨,占世界的 67%,煤炭 33.2 亿吨,占世界的 48%,水泥 18.6 亿吨,占世界的 48%,钢材 7.7 亿吨,占世界的 46%。同时中国也是碳和其他污染物的最大排放国,二氧化碳排放约 82.4 亿吨,超过世界的 24%。在生态文明建设的基础数据上,特别是农药施用强度、服务业产值占 GDP 比例、城镇化比例、城市垃圾无害化率、单位 GDP 能耗 5 个方面,中国与国际先进水平仍有较大差距。

连续 30 年的高强度开发,中国的资源环境和生态能力已经达到临界点,污染物总量居高不下,对全球及周边国家环境正在产生着越来越大的负面影响,而经济快速增长带动的资源需求,对国际资源市场也形成了越来越大的压力和冲击。中国的生态环境建设成为全球生态环境建设中关键的一环,全球的生态在相当程度上取决于中国的生态政策。

当前我国面临的环境压力比世界上任何国家都大,环境资源问题比任何国家都突出,解决起来比任何国家都困难。未来 15年,受人口增长、经济总量扩大、城镇化进程加快、农业现代化带来污染、新技术新化学品大量使用等因素影响,环境压力实际上还将继续加大。中国大力推进生态文明建设,将引领世界各国共同保护地球家园,努力走向生态文明的新时代。

第二节 我国建设生态文明的机遇

虽然我国在推进生态文明建设的过程中面临着严峻的挑战,但同时也有巨大的机遇。如马克思主义生态思想的指导,我国各个方面建设取得的成就,整个人类关注生态文明的大趋势等,这些都为我国生态文明建设的进一步推进提供了有利的机遇。

一、马克思主义生态思想为我国生态文明建设提供了思想理论基础

对我国而言,马克思主义的生态文明思想是我国建设生态文明的理论基石,当代中国化的马克思主义最新成果——科学发展观,它是建设生态文明道路中最重要的指导思想。在中国传统文化中,就散发出关于生态文明的思想智慧。而这些先人睿智的思想正给我国当前生态文明建设提供了坚实的文化基础。古代与现代的思想碰撞,必将为我国的生态文明建设提供哲学基础与思想来源,成为我们建设生态文明的理论基础。马克思主义的生态文明思想是指导我国建设生态文明的理论基础。马克思主义是当前我国社会主义建设的指导思想,而马克思和恩格斯的生态文明思想,无论是对我国当前的生态文明建设,还是未来长久的生态文明事业,意义都是非凡的。

(1)在马克思主义生态文明理论中,人与自然的辩证观是重要的思想基石

首先是站在本位论的角度上揭示了自然对人的先在性,也就是自然大于人,人是自然的一员,这就决定了人在自然面前是渺小的,必须尊重和善待自然。其次是从人的角度来看问题,人是实践的主体,对自然有改造的主观能动性。这两个方面共同决定了人类要与自然共同进化、协调发展。

(2)在马克思主义生态文明理论中,人与自然和谐发展是终极目标

马克思主义认为,"遵循自然规律是人与自然和谐发展的必要条件,而实现人与自然和谐发展的关键是要处理好人与人的关系"①。

(3)在马克思主义生态文明理论中,正确处理人口、资源、经

---

① 余杰.生态文明概论[M].南昌:江西人民出版社,2013,第160页.

济协调发展是指导实践的理论基础

西方学者对马克思主义的研究更加透彻,而马克思主义生态学正是对马克思主义的当代发展。当前,全球都面临着重要的生态环境问题,面对这样的现实,生态学马克思主义者开始将前人的智慧与当下的形势相结合,将生态学与马克思主义相结合,通过结合,深入研究当代生态环境退化的原因以及生态危机出现的原因,不断总结规律,最终探讨并寻求解决生态危机的有效途径,这样就形成了一种新的马克思主义理论,也就是融合了生态文明思想的马克思主义。在马克思主义生态学中认为,社会关系是排在生态关系之后的,要在发展的过程中逐渐克服异化生产和异化消费,逐步改变旧有的生产方式和消费方式,最终实现生态社会主义。

二、我国经济建设和社会发展取得的巨大成就为实施生态文明建设战略提供了必要的物质和技术基础

党的十一届三中全会以来,以邓小平为核心的党中央第二代领导集体,重新确立了"解放思想、实事求是"的思想路线,把党和国家的工作重心转移到经济建设上来,做出了改革开放的伟大决策,在立足中国社会主义初级阶段的基本国情和建设有中国特色社会主义的理论指导下,我国经济得到了长期平稳较快的发展,经济建设成就举世瞩目。经过三十多年的发展,我国终于不负众望,经济发展迈上一个新高度,跃升至世界第二位,无论是人民的生活水平还是国家整体的国际竞争力,无论是社会发展还是居民的收入,都迈上了一个大台阶,国家面貌发生了新的历史性变化。所有这些,为党和国家提出并深入贯彻实施生态文明建设战略奠定了必要的物质和技术基础。

三、我国为生态文明建设制定了一系列配套政策

"2000 年,我国相继颁布了《全国生态环境保护纲要》和《可持

续发展科技纲要》等政策。2002 年党的十六大报告提出了'生产发展、生活富裕、生态良好的文明发展道路',在党的十六届三中全会上,提出了'坚持以人为本,全面、协调、可持续发展的科学发展观',促进经济社会和人的全面发展。党的十六届五中全会进一步强调,要全面贯彻落实科学发展观,坚持以科学发展观统领经济社会发展全局,贯彻落实到经济社会发展的各个环节和各个方面。2006 年党的十六届六中全会提出了'构建社会主义和谐社会',2007 年党的十七大报告明确提出'建设生态文明,基本形成节约能源资源和保护生态环境的产业结构、增长方式、消费模式'。2012 年党的十八大提出了'五位一体'建设美丽中国的战略"①,在这样的条件下,循环经济得以建立,生态环境的质量也得到了明显的改善。

此外,还应坚持执行环境保护的基本国策,要唤醒全体人民的环境保护意识,提高人口素质。不断开发一些有利于保护生态环境的项目,尽量做到未雨绸缪,防止生态环境的进一步恶化。这为我国进一步深化生态文明建设建立了良好的基础。

四、民众节能环保意识得到了普遍提高

从实践上来看,公众节能环保意识的普遍觉醒,为生态文明建设带来了巨大的机遇与动力。"地球一小时"活动首次于 2007年 3 月 31 日当地 20 时在澳大利亚悉尼市展开。当晚,悉尼有超过 220 万户的家庭和企业关闭灯源和电器一小时。事后统计,熄灯一小时节省下来的电足够 20 万台电视机用 1 小时,5 万辆车跑1 小时。当天晚上能看到的星星比平时多了几倍。令人惊讶的是,仅仅一年之后,"地球一小时"活动就成为一项全球性并持续发展壮大的活动。2008 年 3 月 29 日,有 35 个国家多达 5 000 万民众参与其中,并证明了个人的行动凝聚在一起真的可以改变世

---

① 余杰.生态文明概论[M].南昌:江西人民出版社,2013,第 164 页.

界。2009年,"地球一小时"活动来到中国。2009年3月28日20:30至21:30,北京、上海、大连、南京、顺德、杭州、长沙、长春、香港、澳门等城市共同行动,熄灯一小时。全球有80多个国家和地区,3 000多个城市的公众共同创造这个美丽的"黑暗时刻",共同为地球的明天作出贡献。

在中国,植树造林成为人们保护森林资源的重要举措,有越来越多的人参与到植树活动中去。根据全国绿化委员会办公室发布的2012年中国国土绿化状况公报显示,截至2012年底,全国参加义务植树人数累计达139亿人次,义务植树640亿株。与此同时,越来越多的人加入低碳生活行列,从节水、节电、节气、垃圾分类处理、健康购物、同不良生活习惯作斗争等做起,把低碳生活理念渗透到现代生活方式中。

民众节能环保意识的觉醒,推开了生态技术创新的大门,为生态技术广泛运用提供了广阔的空间。生态技术是生态文明的技术形态,是生态文明建设的技术支撑。

第三节　我国生态文明建设的历史探索

从新中国成立伊始疏浚京杭大运河、兴建大中型水库、新建和改造市政公用设施等具体生态环境保护举措,到十八大报告专章阐述生态文明,经历了一个从不成熟到成熟的发展历程,在这个发展历程中取得了许多成就,同时得到了许多经验,进一步推动了生态文明建设的进程。

一、当代生态文明建设的历史进程

（一）提出和实施绿化祖国的任务和目标

在新中国刚刚成立,百废待兴之时,由于长期战乱给我国生态造成了严重的破坏,修复生态环境已经成为以毛泽东为核心的党的第一代中央领导集体的一项紧迫任务。由于当时工业发展比较缓慢,因而造成生态环境破坏的因素比较简单,对生态环境的破坏程度也比较浅显,因而,修复生态环境还是比较容易的。第一代中央领导集体主要从修复被破坏了的自然环境入手,以植树造林为主要手段,重点加强林业建设,对荒地荒山进行有效改造,开垦荒地、绿化荒山。毛泽东要求,"在十二年内,基本上消灭荒地荒山,在一切宅旁、村旁、路旁、水旁,以及荒地荒山上,即在一切可能的地方,均要按规格种起树来,实行绿化"[①]。这是新中国刚刚成立后的工作重点,目的在于尽快修复自然生态环境。发展到社会主义改造时期,毛泽东正式通过贺电的方式向全国人民发出了"绿化祖国"号召,紧接着提出了"实行大地园林化"任务。接着,他还提出了"要使我们祖国的河山全部绿化起来,要达到园林化,到处都很美丽,自然面貌要改变过来"[②],"一切能够植树造林的地方都要努力植树造林,逐步绿化我们的国家,美化我国人民劳动、工作、学习和生活的环境"[③]的目标和任务。这是新中国第一代领导集体为生态环境建设作出的贡献,这为后来保护生态环境的实践奠定了思想基础。

(二)提出环境保护的基本国策

步入 20 世纪 80 年代,虽然开展了几十年的环境保护工作,这期间也取得了不少成就,但是我国面临的环境形势在整体上是不容乐观的。此时,我国的工业得到了一定程度的发展,但显著的发展特征就是粗放式的发展,此时带来的一个重要问题就是环境污染与生态破坏不断出现,并且呈现出加重的趋势。针对这种情况,1990 年《国务院关于进一步加强环境保护工作的决定》中强调:"保护和改善生产环境与生态环境、防治污染和其他公害,是

---

① 毛泽东选集(第 5 卷)[C]. 北京:人民出版社,1944,第 262 页.
② 余杰. 生态文明概论[M]. 南昌:江西人民出版社,2013,第 143 页.
③ 同上.

我国的一项基本国策。"①这为后来可持续发展战略的提出提供了重要的依据。

（三）提出并确立了可持续发展战略

1992 年我国编制完成了《中国 21 世纪议程——中国 21 世纪人口、环境与发展白皮书》，对可持续发展做了宏观的展望。1996 年通过了《国民经济和社会发展"九五"计划和 2010 年远景目标纲要》，这个文件正式将可持续发展确定为国家战略。

自 20 世纪 90 年代末以来，我国相继制定了一系列实施可持续发展战略的重要举措，如《全国生态环境保护纲要》《可持续发展科技纲要》等，中国科学院成立了可持续发展战略研究所，发表了《中国可持续发展战略报告》。2003 年，国务院印发了国家计委会同有关部门制定的《中国 21 世纪初可持续发展行动纲要》。《纲要》对我国可持续发展的目标、重点领域和保障措施做了详细的规定，这个文件的诞生进一步推动了我国的可持续发展政策。这些文件同时指导着我国各个地区的生态文明建设工作，好多地区响应文件精神建立起生态市、生态县、生态示范区等。

（四）提出人与自然和谐发展

进入 21 世纪以来，我国处在工业化迅速发展的阶段，在这个阶段，一个重要的问题就是资源消耗较高。如果不开发新能源，那么，经济的发展很大程度上会受到资源能源的限制。因而，在新时期，资源环境问题成为社会广泛关注的突出问题。面对这样的现实，考虑到将来的发展，中国共产党明确提出了人与自然和谐发展的思想，对生态观和发展观进行了深化。

在党的十六大上，"可持续发展能力不断增强，生态环境得到改善，资源利用效率显著提高，促进人与自然的和谐，推动整个社

---

① 沈满洪.生态文明建设 从概念到行动[M].北京:中国环境科学出版社，2014,第 60 页.

会走上生产发展、生活富裕、生态良好的文明发展道路"①的全面建设小康社会目标被正式提了出来。这个目标要求能够保证一代接一代地永续发展,可以说是生态文明思想的雏形。在十六届三中全会上,正式提出以人为本,全面、协调、可持续的科学发展观,科学发展观放眼大环境,将"统筹人与自然和谐发展"作为社会发展的一个重要方面,作为全面构建和谐社会的一个重要方面。同时,在这次会议上,强调实现资源利用高效化,尽量减少资源浪费,保证生态环境明显好转,这同时也是这次会议的一个重要目标和任务。这不仅是马克思主义生态思想的重要体现和延续,同时也是我国发展的现实需要;这使得我国建设社会主义的理论体系得到了进一步的丰富和完善,并为以后我国逐渐走向人与自然和谐的充满绿色的发展道路奠定了基础。

（五）提出建设"两型社会"

全面建成小康社会不是一句话的事,不是一说出来就能做到的事,它是一个循序渐进的过程。在这个过程中,中国共产党对于节约资源、保护生态环境的问题有着深刻的认识,认识到建设生态文明对经济发展、政治发展等各个领域的重要性,提出建设资源节约型、环境友好型社会。党的十六大报告提出:"走出一条科技含量高、经济效益好、资源消耗低、环境污染少、人力资源优势得到充分发挥的新型工业化路子"②,将建设社会主义文明社会归结到全面建设小康社会的最终目标里。在 2005 年,党的十六届五中全会召开,这次会议通过了《中共中央关于制定国民经济和社会发展第十一个五年规划的建议》,在这个文件中,强调"必须加快转变经济增长方式","建设资源节约型、环境友好型社会"③。将加大力度发展循环经济,加大力度保护环境,为不断建

---

　　① 于晓雷. 实现中国梦的生态环境保障　中国特色社会主义生态文明建设[M].北京:红旗出版社,2014,第 98 页.

　　② 余杰. 生态文明概论[M]. 南昌:江西人民出版社,2013,第 144 页.

　　③ 余杰. 生态文明概论[M]. 南昌:江西人民出版社,2013,第 144 页.

设资源节约型、环境友好型社会而奋斗。

2006年,在党的十六届六中全会上,明确提出了"以解决危害群众健康和影响可持续发展的环境问题为重点,加快建设资源节约型、环境友好型社会"①。在2007年召开了党的十七大,在党的十七大会议上强调指出"把建设资源节约型、环境友好型社会放在工业化、现代化发展战略的突出位置"②,"完善有利于节约能源资源和保护生态环境的法律和政策"③。

(六)提出建设社会主义生态文明

在中国共产党第十七次全国代表大会上,对关于建设"生态文明"进行了重申,在全面建设小康社会的目标中加入了"生态文明"建设这个新内容,并将这个方面作为是否实现整体目标的一个重要的考核标准和衡量标准,也就是说,如果我国的建设仅仅只是实现了物质文明、精神文明、政治文明,那么此时的社会发展不是全面的,此时的社会也不能迈进全面小康社会的行列。把"生态文明"作为全面建设小康社会的新目标,要求"建设生态文明,基本形成节约能源资源和保护生态环境的产业结构、增长方式、消费方式。循环经济形成较大规模,可再生能源比重显著上升。主要污染物排放得到有效控制,生态环境质量明显改善。生态文明观念在全社会牢固树立。"④要在全民意识形态教育中,将节约资源和保护环境作为我国的基本国策,在国策的先行引导下,不断发展工业化和现代化,同时注重新能源的开发以及生态环境的保护。加快形成可持续发展体制机制,并不断出台一些关于"建设生态义明"的具体方针措施,逐渐完善生态文明建设的制度体系。

---

① 严耕,王景福. 中国生态文明建设[M]. 北京:国家行政学院出版社,2013,第11页.

② 孙佑海,唐忠辉,薄晓波. 战略环境影响评价制度创新研究[M]. 北京:中国环境科学出版社,2014,第37页.

③ 郑贤君. 中国梦实现的根本法保障[M]. 南京:江苏人民出版社,2014,第58页.

④ 朱建平,王秋月,范丹卉. 马克思主义中国化相关问题研究[M]. 沈阳:沈阳出版社,2010,第82页.

二、我国生态文明建设的基本经验

（一）坚持中国共产党的领导

中国共产党历来都十分重视生态文明的建设工作。无论是在革命中还是在建设进程中，抑或是在改革的过程中，在各个时期都十分关注生态文明建设，这在历代党中央领导集体的生态思想中都有所体现。在中国共产党十八大报告上特别强调生态文明建设，提出了："建设生态文明，是关系人民福祉、关乎民族未来的长远大计。"[①]将生态文明放在了一个新的高度上，强调突出生态文明建设的重要意义。将生态文明建设放在与经济文明、政治文明、精神文明同等重要的位置。坚持走生产发展、生活富裕、生态良好的文明发展道路，不断为建设美丽中国添砖加瓦，为实现中华民族永续发展不断贡献力量。我国生态文明建设经验组成中一个重要的内容就是坚持中国共产党的领导，不断开拓生态文明建设道路。

（二）坚持与"四个建设"协调发展

经过多年的实践发展，我国在建设生态文明的道路上取得了不凡的成就，其中一个重要体现就是，我国的文明建设由原来的物质文明、精神文明、政治文明逐渐发展为物质文明、政治文明、精神文明和生态文明建设，将生态文明建设放在了与其他三大文明同等重要的位置上。一方面，社会需要的是全面发展，如果仅仅发展物质文明，不发展其他文明，那么物质文明的发展也不会长久，如果只发展政治文明或者精神文明，那么整个社会会物质匮乏，如果只发展前三个文明而不去发展生态文明，那么这就是一种落后的发展形态，没有良好的生态环境作条件，文明只是暂

---

① 余杰. 生态文明概论[M]. 南昌：江西人民出版社，2013，第 152 页.

时性的,如同昙花一现,终究会陨落。没有生态做保障,人类自身也会陷入深深的危机中,说不准哪一天,所有的文明成果的大楼就倾塌了,人类自身就会陷入最深刻的生存危机。因而,四个文明是同步的,是缺一不可的。另一方面,人类自身正是所有文明的建设者,是所有文明的建设主体,因此,必须将生态文明建设与人类一切活动密切联系起来,在制定法律制度中、在树立思想意识时、在养成生活方式时和在具体的行为过程中,不断融入生态文明的内容,让人类自觉将其内化为应有的思想和实践。

所以,我国搞生态文明建设不是为了跟风、赶时髦,而是现实的需要,在全面推进物质文明、政治文明、精神文明、社会文明和生态文明的协调发展中谋求生态文明的发展,谋求五个文明共同发展。

(三)坚持依靠广大人民的力量

历史唯物主义认为,人民群众是历史的重要组成部分,创造了历史并推动历史不断向前发展。在生态文明建设中,之所以能够取得巨大的成就,也在于人类积极主动地发挥聪明才智和主观能动性,得益于广大人民共同拥护和积极的行动。在全社会中,爱护环境、保护环境、建设环境成为人人都意识到的问题,人们逐渐养成了一种健康的生态文明的生活观,并为追逐这种生活而做出积极的努力。在对待自然的态度上,人们树立起人与自然全面、协调、可持续发展的生态文明观念。在这种观念的主导下,人民群众开始从日常生活的点点滴滴做起,开始主动自觉地保护环境,并自觉形成对污染破坏环境的行为进行监督,消费观念也发生了悄然改变,人民大众更倾向于一种健康自然,可持续的消费观念。

第四节　西方发达国家生态文明建设的历史经验

英、美、日、法、德等先进工业化国家,在其发展过程中,都无一例外地经历了"先污染后治理"的过程而成为环保先进国家,建立了比较完备而又各具特色的环保体系。比较与借鉴这些国家在协调人地关系上的成功历史经验,将有助于中国的生态文明建设。

一、欧洲的环保壁垒型生态发展道路

(一)工业革命引发的生态危机

18世纪从英国发起的技术革命是技术发展史上的一次巨大变革,纺纱机、蒸汽机等一系列技术革命使工厂制代替了手工工场,机器代替了手工劳动,大大提高了社会生产力,人类迅速进入机器化大生产时代。这既是一次技术改革,更是一场深刻的社会变革。这一次技术革命和与之相关的社会关系的变革,被称为第一次工业革命或者产业革命。最早开始和最早完成工业革命的英国,其环境污染出现最早,环境污染程度也最严重。18世纪下半叶,比利时、法国、德国等欧洲其他国家也先后开始了工业化进程。"在工业化的进程中,各国经济飞速发展,也都不可避免地出现了较严重的环境污染"①。

大量植物枯死、大量动物中毒死亡、部分生物绝迹,触目惊心的环境污染引发了生态危机,严重影响人类的健康。随着越来越多的环境公害事件的发生和曝光,政府和民众逐步认识到加强污染治理、保护生态环境的重要性和迫切性。

(二)构筑环境壁垒

随着欧盟经济一体化程度的加深,欧盟区域内贸易大幅增加,从区域外进口大幅下降。欧盟借口进一步保护区域内各成员国经济利益和生态环境及人类健康,频繁出台环境壁垒政策,构

---

① 贾灵,李建会. 全球环境的变化——人类面临的共同挑战[M]. 武汉:湖北教育出版社,1997,第32页.

筑环境贸易壁垒。如 2006 年制定了《EC1881/2006 号条例》,具体列出了水产品、动物产品、蔬菜、水果、粮食制品、罐头食品、酒类、调味品等各类农产品和食品的质量要求,分类更加详细,监管更加严格。2007 年 6 月 1 日,欧盟《REACH 法规》生效,法规详细对进口的化学品以及在欧洲境内生产的化学品进行了规定,通过注册、评估、授权和限制等一系列综合程序,对化学品的成分进行了详细的识别,从而对环境和人体安全进行更好的保护。

构筑环境壁垒已成为欧盟解决环境问题、保护自然生态的重要手段之一。客观来说,环境壁垒有利于保护欧盟成员国的生态环境,也有利于推动发展中国家提高环保技术水平。

(三)增加环保投资,发展环保产业

与日本和美国相比,欧洲各国政府对于治理环境污染的投入略小一些,企业的投入略大一些,各国之间的差别不是很大。以 1985 年的法国、德国和荷兰政府为例,法国政府与公益组织用于减污与控污方面的投资占全社会减污与控污投资的 67%,1990 年为 64%,企业所对应的分别为 33% 和 36%。德国政府与公益组织用于减污与控污方面的投资占全社会减污与控污投资的 54%,1990 年为 60%,企业所对应的分别为 46% 和 40%。“荷兰政府与公益组织用于减污与控污方面的投资占全社会减污与控污投资的 69%,1990 年为 42%,企业所对应的分别是 31% 和 57%。”[1]“在对环保产业的投入方面,政府和私营企业基本相等,分别占 48% 和 46%,家庭投入占 6%。私营企业在空气污染控制中占主导地位,提供 76% 的费用。政府更多地参与污水处理和废物管理。”[2]

污染治理和环保投入的增加,使欧盟环保产业得以快速发展。1994 年,欧盟环保产业市场约 900 亿欧元,占欧盟 GDP 的 1.4%,人均 240 欧元。“产业地区分布基本反映了成员国经济实

① 徐嵩龄. 世界环保产业发展透视[J]. 管理世界,1997(4).

② 金川相. 欧盟国家的环保产业[J]. 全球科技经济瞭望,1999(1).

力,德国 320 亿欧元,占欧盟市场的 1/3;法国、英国、意大利、荷兰和奥地利分别占 19％、12％、10％、8％和 4％"①。

二、美国的环保政治型、环保外交型生态发展道路

（一）开展公众环保运动,政府出台控制型环保政策

西进运动和工业革命给美国生态环境带来严重污染和破坏,西部大片森林、草原逐渐消失、土地板结和沙化,给人们生活和健康带来巨大影响和伤害。在认识到资源的稀缺性和环境污染的严重性后,美国在不同时期先后发起了三次环保运动。环保运动对推动美国环保政策的出台和环保产业的发展,唤醒人类环保意识,发挥了积极的作用。

在法规制度建设方面,美国政府实施控制型环境保护政策。富兰克林·罗斯福总统在任职期间通过了一些环境法律和制度,如《田纳西河流域工程法》《泰勒放牧法》《土地保护法》《土壤保护制度》《全国森林制度》和《国家公园体制》等,这些环境立法和制度建设对第二次环境保护运动发挥了更大作用。20 世纪 60 年代后期和 70 年代初期,美国行政、立法、司法三大部门对环境问题做出更加强烈的反应。在行政方面,1969 年尼克松就任总统后,对行政机构进行改组,成立国家环境保护局,建立环保局统一行使环保职能,其他部门协助的环保体制。在司法方面,主要是加强对行政行为的监督、审查和对环境法的司法解释,为环境污染的受害者提供法律救助。

公众环境保护运动的开展和政府控制型环保政策的实施,使美国环境状况有了较大改善。

（二）践行环保政策,运用市场环保机制

20 世纪 70 年代是美国在环境保护方面取得巨大进展的十

---

①　金川相. 欧盟国家的环保产业[J]. 全球科技经济瞭望,1999(1).

年,政府频繁出台的各项指令性环保政策得到较好的贯彻实施。但是,环境治理上的巨额投资和缺乏经济性的环保政策,直接影响了美国经济的快速发展。"从 70 年代开始,美国用于环境保护的开支占国民生产总值的 1‰～2‰"①。"哈佛大学经济研究特别基金管理委员会研究资料表明,由于环境治理占用大笔资金,从而使环境法的实施减缓了国家的经济发展速度,用于环境治理的投资使得国民生产总值以每年千分之二的速度递减"②。因此,进入 80 年代以后,环保政策就逐渐从指令管制型向市场环保机制型转变,经过里根、布什和克林顿三位总统的努力,在美国的环保政策中市场环保机制被更多地运用。

进入 20 世纪 90 年代,以市场为导向的环保政策工具又新增了绿色税收。据 1995 年统计,各州颁布各种环保税收 250 多条③。这些环保税收主要分为两类:一是对有害化学物质、造成污染的企业等污染者征税;二是对购买污染控制设备和清洁技术开发等给予税收优惠。市场环保机制的效用非常明显,在市场环保机制作用下,通过开发环保技术,采用环保工艺,自发地减少污染,达到成本最小化、利润最大化的目的,从而摆脱在环保上同政府相对立的局面。

(三)发展环保产业,转嫁环境成本

经过以治为主的环保阶段后,生态环境质量得到较大改善。为避免在经济发展过程中再次出现环境污染、生态恶化的现象,美国政府在引入市场环保机制引导企业清洁生产、发展环保产业的同时,将高污染、高能耗产业的生产及大量工业垃圾转移到发展中国家,通过环境成本的转嫁来解决环境问题。

---

① 梅雪芹. 环境史学与环境问题[M]. 北京:人民出版社,2004,第 188 页.
② 沙别可夫著. 滚滚绿色浪潮[M]. 周律译. 北京:中国环境科学出版社,1997,第 121 页.
③ 宋秀杰,王绍堂,丁庭华,等. 美国的环保政策及对环保产业发展的影响[J]. 城市环境与城市生态,2000(10).

美国早就开始了将高污染、高能耗产业向外转移的过程;20世纪60年代以来,将39%以上的高污染、高消耗产业转移到了其他国家。进入70年代以来,在发展环保产业的同时,加快了向其他发展中国家转嫁环境成本的进程:"如1984年12月,美国联合碳化物公司在印度博帕尔的农药厂发生毒气泄漏事故,导致50万人中毒,20万人受到严重伤害,2 500多人死亡"①。美国是世界上最大的电子产品生产国,同时也是最大的电子产品消费国,当然,在生产这些电子产品时也带来了很大的污染,美国不顾《巴塞尔公约》的规定,简单粗暴地把这些高度危险的电子垃圾输往亚洲国家,其中80%偷运到了印度、中国和巴基斯坦,给这些地区带来了严重的污染。

发展环保产业和转嫁环境成本成为美国在新时期改善环境质量的重要手段,环境质量得到较大改善。据统计,从20世纪90年代到21世纪初,美国大城市空气中雾尘含量显著下降,一氧化碳含量降低30%,二氧化硫降低20%,含铅量降低89%。

三、日本的环保产业型生态发展道路

(一)采取强制手段,制止污染发生

1. 建立统一的环境管理体制

1971年日本成立环境厅,其主要职责为:资源保护和污染防治;负责环保政策、规划、法规的制定与实施;全面协调与环保相关的各部门的关系;指导和推动各省及地方政府的环保工作;每年发表一本《环境白皮书》,以指导国家环境保护工作的有效展开。环境厅厅长由国务大臣担任,直接参与内阁决策。"随着环境厅的设立,各地方政府也设立了相应的环境保护机构,到1971

---

① 曾凡银,冯宗宪. 贸易、环境与发展中国家的经济发展研究[J]. 安徽大学学报(哲学社会科学版),2000(4).

年年底,有 46 个地方政府设立了环境局"①。各地方环境局根据环境厅制定的公害对策和环境标准,在中央政策的指导下,制定了比国家标准更为严格的地方标准,对区域内的企业进行严格管理。至此从中央到地方较为统一完善的环境管理体制形成。

2. 制定严格的环境标准

环境标准和环保法律是相辅相成的,环保法律中包含许多量化的指标和标准;判定企业是否违法在某种程度上是依靠各类环境标准来衡量的,而环境标准的实施又必须借助法律的强制性力量。因此,日本政府在制定相关的环保法律时,在部分法律法规中直接注明了相关的环境标准,同时也颁布了一系列专门的环境标准。如《硫氧化物环境基准》(1969)、《一氧化碳环境基准》(1970)、《水质污染环境基准》(1970)、《噪声环境基准》(1971)、《悬浮微粒环境基准》(1972)、《大气污染环境基准》(1973)等。法律法规中出现的环境标准和专门的环境标准在颁布后都经历多次修改、强化,如对氮氧化物、二氧化硫和汽车废气的排放标准在 20 世纪 90 年代以前曾分别发布过 5 次、8 次和 9 次法规②。值得一提的是,日本的环境标准与其他许多国家相比(表 3-1、表 3-2)是比较严格的,而不断强化的环境标准则对污染企业提出了更高的要求③。另外,根据日本的环境管理体制,由中央政府制定的标准必须在全国通用,地方政府和地方公共团体可以在本地区制定区域性标准。许多场合,区域性标准都比国家标准更为严格(表 3-3)④。

---

① 徐世刚,王琦. 论日本政府在环境保护中的作用及其对我国的启示[J]. 当代经济研究,2006(7).

② 徐家骝. 日本环境污染的对策和治理[M]. 北京:中国环境科学出版社,1990,第 11 页.

③ 赵凌云. 中国特色生态文明建设道路[M]. 北京:中国财政经济出版社,2014,第 457 页.

④ 同上.

表 3-1　日本和几个主要国家的大气质量标准值（1975）

	二氧化硫 ppm	飘尘毫克/米²	二氧化氮 ppm
日本	0.04	0.10	0.02
加拿大	0.06	0.12	—
美国	0.14	0.26	0.05
芬兰	0.10	0.15	0.10
联邦德国	0.06	—	0.15
意大利	0.15	0.30	—
法国	0.38	0.35	—
瑞典	0.25	—	—

表 3-2　日本和几个主要国家的汽车排气标准

	一氧化碳 （克/公里）	碳氢化合物 （克/公里）	氮氧化物 （克/公里）
日本（1976）	2.10	0.25	0.60
日本（1978）	2.10	0.25	0.25
美国联邦政府（1975）	9.30	0.93	1.93
美国加利福尼亚州（1975）	5.60	0.56	1.24
加拿大（1975）	15.62	1.25	1.94
瑞典（1976）	24.20	2.10	1.90

表 3-3　中央政府和神奈川县制定的主要排水标准

	中央政府（毫克/升）	神奈川县（毫克/升）
生物化学需氧量（BOD）	160	20
化学需氧量（COD）	160	20
悬浮物质	200	50
酚	5	0.005
氟	15	0.8

（二）对全民进行环保教育，培养环保意识

日本的环境公害事件在当时的众多国家中是最为严重的，民众在饱受产业公害之苦后成为抵制污染、提倡环保的倡导者和推动者，初期的环保意识是自我觉醒的，是一种被动的事实教育，而全民环保意识的增强是伴随着环境教育的全面实施而出现的。

为保护民众的身心健康，一些学者和教师自发成立了一些民间组织来进行局部性公害教育和宣传，如1967年四日市教育委员会编写出版了《公害学习》参考资料。这种自发的公害教育唤醒了受害者的环保意识，相继出现了抵制污染、要求采取治理措施的各类环保运动，环保运动又更大范围地提高了民众的环保知识和意识。

日本政府对于环保教育也非常重视。早在1965年，日本就出台了学校推进环保教育的《学习指导要领》，分年级、分阶段地详细规定有关环境教育的方法和内容。1970年，在第64届国会特别会议上，文部省决定在中小学社会课的教学内容中加入公害教育的内容。此次会议后，文部省又对其发行的中小学教学大纲《学习指导要领》内容进行了修正，强调防止公害问题的发生是每一个公民的责任和义务。进入20世纪80年代尤其是21世纪以后，随着生活型污染的日益严重，如汽车尾气排放造成的大气污染、家庭生活污水造成的水体污染等，民众担当着污染和被污染的双重角色，环保教育就逐步演变为包括各种面向广义环保含义的教育活动。20世纪80年代，文部省进一步调整了《学习指导要领》中的内容，其相关内容渗透于国语、理工、美工、音乐、保健、道德等多门课程中，对中小学生进行如何节水、节电、节油的基础节约教育。

政府、企业和家庭也都非常注重环保意识的培养。日本环境省在2005年开展夏季"清凉装"和冬季"温暖装"活动。日本政府对购买微型车采取鼓励政策、税收优惠政策和道路费优惠政策。日本的多数企业每月公布其能耗情况，在公司和工厂的电灯开关处，都标有"午休时请关灯""空调温度限定"等节能提示。日本家庭都能做到自觉将垃圾进行分类，且从小教育孩子如何进行垃圾分类，以便回收处理。

第四章　生态文明建设实施路径体系研究

发展问题一直是人类社会面临的重大问题,发展观念决定发展路线,随着时间的推移,发展路线不同会带来不一样的发展成果。我国坚持将科学发展观作为发展的指导思想,按照当前的实际情况,开展生态文明建设。

第一节　贯彻落实科学发展观,构建生态文明建设评价体系

人类社会的发展问题一直是极为重要的课题,而为了保证社会的可持续发展就需要注重人、自然、社会之间的和谐统一发展。我国提出的科学发展观就是适应当前社会发展情况,为了实现人类社会的全面协调可持续发展而产生的,这对于我国的未来发展有极其重要的指导作用。当前的发展形势要求我国建设生态文明,生态文明是科学发展的必然结果。

一、全面协调可持续发展对生态文明建设的指导作用

（一）把握好可持续消费与"两型社会"的关系

人们通常认为,在生产活动中,消费并不处于重要地位,然而这种认知并不准确。消费可以在很大程度上影响人类社会的发展,尤其是我国正处在建设节约型社会的阶段,消费产生的影响极大。实际上,西方发达国家的发展在某种程度上是消费主义不断扩张产生的结果。在传统发展模式中,经济增长是推动发展的

主要力量,而推进经济增长就需要刺激消费。可以看出,经济发展在很大程度上是与消费挂钩的,通过刺激人们的消费需求保证经济的增长,所以,刺激人们的消费需求和行为成为促进和保持经济发展的一个重要方法。从现代化的经济体系的角度进行分析,生产者想要追求商品的利润最大化,实际上就是要求他实现消费者效用的最大化,而这些都需要消费需求作为其根本保障。当新产品进入市场后,人们的消费内容随之发生变化,新产品成为人们消费选择的一部分,也成为人们生活中的一部分。随着经济的不断发展,人们对于生活的"基本需求"的范围将会持续不断的扩大和深化。

人类的生存离不开消费,而人们的消费行为会对生态环境产生直接或间接的影响。在人类社会中,消费行为无时无刻不在发生,社会中的每个个体都会有消费行为,每个地方也都会发生消费,消费是人类社会中最普遍也是最经常的行为。人们在进行消费的同时也消耗着自然资源,同时也对自然环境造成了污染。人们的消费行为是一种分布范围极广的分散行为,但从整体上看所有的消费行为的汇总后果就是对自然资源和自然环境的一种消耗,这些分散的消费行为为我们带来了严重的生态危机。随着经济的发展,以及不合理的消费观念的引导,消费呈现出异化趋势。随着生活水平的不断提高,人们不再为生存所困,消费观念就会发生转变,过度消费也就会随之而来,甚至会出现通过消费的数量和方式来判断个体所处社会地位的现象。当出现了这种社会现象时,人们的消费行为就不是为了保证其生存了,而是为满足其扭曲的精神需求,满足一种畸形的虚荣心。

随着生产力得到进一步解放,人们可以获得更为高级的产品和服务,但是与此同时,自然资源的消耗速度也随之加快,自然环境的污染情况也进一步恶化。除此之外,随着科学技术的不断发展,其为人们的生活带来了越来越多的便利,有些人开始认为科学技术无所不能,认为人类社会在发展的过程不需要考虑其他因素,因为科学技术的发展和进步会帮助人们解决一切问题,这其中就包括环境问题。科学技术的确是现代社会进步的主要推动力，其对于人类社会的进步作出的贡献有目共睹，人们对于科学的崇尚是正确的，但是这要建立在客观健康的理念上，不可以因为科学技术就想当然地变得自私和盲目，这样盲目的科学崇拜不利于解决当前面临的生态问题。科学的进一步发展就需要超越传统的消费模式，这同时也是生态文明建设的重要内容。

我国目前致力于建设资源节约型、环境友好型社会，想要节约资源就要从消费方面着手，这就要求人们转变传统的消费方式和理念，将传统的消费模式转化为可持续的消费模式，从而实现建设"两型社会"的愿望。可持续性消费就是在一定程度上控制消费，但首先要保证人们的基本生存需求得到保证，在这个前提下，根据人们的生活水平以及消费层次，对一些非必需品的消费需求进行一定控制；与此同时，可以适当加大人们对非物质产品的消费需求的比重，使人们的消费方式以及消费内容更为丰富。

（二）把握好全面协调可持续发展与生态文明实践建设的关系

想要做到有针对性地制订可持续发展措施，就需要对可持续发展本质有深刻的把握。可持续发展可以使人类、社会和自然更和谐地相处，保证自然可以得到保护、可以健康发展，生物多样性、生态功能区的大小是生态系统稳定的表现，体现了人类生存条件的完备，同样是人类社会可以实现持续性生存和发展的物质基础。大自然复杂的生态系统就可以通过生物多样性表现出来，这是生态系统中物质流、能量流、信息流转换强度和效率的表现。所以当自然界中的五种复杂程度越来越高，食物链的组成也越来越复杂多样，在此时有任何外来干扰都会被相应弱化，并不会对自然界产生太大影响。因此，人们将生态系统的稳定性形容为物种多样性的函数。这个函数可以表现出生态系统的规律性，人类也要遵循它开展各项活动。自然界生态功能区的大小反映出人类活动对自然生态系统干扰的大小，它们之间呈现出负相关的关系。但是，随着人类社会的人口增加和经济活动带来的影响，生物多样性以及生态功能区都呈现出萎缩的趋势,这已经成为威胁人类社会可持续发展的重要问题。

为了降低以上这种威胁,就需要采取有效的措施进行环境保护,采取全球性的环境保护合作与行动。可持续发展举措的制定和实施反映着对其本质的深刻理解和把握。一方面,要关注对濒危动植物、原始森林、自然湿地等的保护;另一方面,要重视人工森林覆盖率、人工湿地覆盖率等方面的问题。在进行生态环境保护时,要同时做好以上两个方面,不可以有所偏颇,要一样重视。人类着手保护濒危物种,实际上是对这些濒危物种的生存环境进行有效的保护,只有这样才能保证它们可以生存,而濒危物种的生存环境同样也是人类的生存环境。例如,保护熊猫,这不仅仅代表将熊猫放入由人类管理的温室中进行物种保护,更重要的是对其赖以生存的栖息地进行保护。通过科学技术人类可以去人工制造一些环境,但是对自然生态环境的保护和珍惜更为重要。人工的生态系统不能等同于自然生态系统,也不可能完全实现自然生态系统的各项功能。

在对可持续发展这一概念进行分析时,一定要着重关注两个概念,即需要和限制。"需要"是指解决现实生活问题的紧迫性,尤其是落后国家贫困人民的基本需要。可持续发展首先要关注人们对于生存的最基本需求,包括维持人们生存的衣食住行的各个方面。首先要保证满足人们的基本需求,之后在此基础上进行一定程度的提高。如果人们的生存基本需求都得不到满足,就会使危害生态环境的事情更容易发生。所以想要实现可持续发展,就需要满足全体人民的基本需求,并给予全体人民平等发展的机会,使他们可以追求更好的生活。"限制"是指对技术和利益集团在利用自然环境来满足当前和未来需要时进行限制的做法。限制具有的效果以及影响力并不确定,因为这与人们的思想观念有很大的联系,人们需要以符合当前发展理念的观念作为其行为指南。所以人类社会的发展,不仅是建设物质基础、科学基础、技术基础,同时还要关注对于人类价值观以及思想伦理观念的建设。

对于人类的发展而言,伦理观念与知识同样重要,他们都是构成人性的基础。建设生态文明,发展可持续社会,就需要相应的全新的社会道德观念作为精神基础,为了适应人们的全新生活条件,全新的思想观念因此而生。可以看出,实现社会可持续发展,不可以忽视同代之间的公正性,也不可以抛弃未来社会的代际公平。

(三)把握好全面协调可持续发展与生态文明制度建设的关系

建设生态文明建设,实现可持续发展社会,还需要建立与当前社会以及自然要求相符合的生态化制度。将可持续发展作为其理念指导建设生态化文明制度,将人、社会、自然之间的法律关系作为制度的内容,主要关注对人与人、人与自然之间关系进行规范和调整,使制度呈现出"生态化"特征。

全面协调可持续发展的制度建设应该坚持以下几个原则。

1. 坚持"自然生态系统"权益不容践踏的原则

在传统的法律和制度中,其目的都在于保护和维护建设自然人、法人与国家的权益。可持续发展的制度化建设是将"自然生态系统"也纳入法律和制度中,使其成为法律和制度保护和维护的对象,承认和尊重"自然生态系统"拥有的合法权益,保证"自然生态系统"的权益不被随意破坏。

2. 要坚持代际平等的原则

考虑生态环境的问题需要将当代人与后代人都纳入考虑范围内,也就是说,在建设生态化制度的时候需要使其具有"代际性"特征。也就是要求在满足当代人的生存和发展需求的同时,不可以危及到后代人的生存和发展环境。国家需要建立起维护代际平等的相应法律及其制度,其中要对自然资源以及环境的拥有和使用权利进行规定。在推进社会发展时,不能因为后代人的虚无性就忽略其存在,要在考虑当代人的同时考虑后代人的可持续发展。在建设生态化制度时,要选择那些可以为后代人谋利的个人及团体为代表,选择有利于可持续发展的可行性办法。

3. 要坚持预先性原则

在环境问题上不要总想着通过"事后诸葛亮"的做法进行经验的总结,这样不能积极有效地解决当前面临的环境问题。尤其是一些大型的或是影响较大的工程和规划等,一旦开始着手实施,在实施过程中发生的问题所引起的损失和后果是无法估计和挽回的,对生态系统的破坏就是这样。所以,应该坚持预先性原则,在实施前进行预测并进行调整,采取相应的保全措施,对侵害行为做到及时中止,尽可能在事前消除风险或是将风险降到最低。

4. 要坚持环境权的原则

环境权思想是指生态环境法律关系的主体,同时享有健康和良好生活环境的权利,以及合理利用自然资源的权利。生态环境权包括各主体的健康权、安宁权、优美环境享受权、清洁空气权、日照权、清洁水权等,还包括环境管理权、环境监督权、环境改善权等;权利主体是指个人、团体、法人、国家、全体人类;权利客体是指自然环境要素、人文环境要素、地球生态系统要素。

可持续发展的概念中包括对全球性可持续发展的维护。在经济发展的过程中,应该避免出现因为经济和科技等方面的差距造成的"生态殖民"现象,避免那些经济和科技发展程度高的国家将其生产与贸易的外部性环境影响转嫁到经济和科技发展程度低的国家,避免在使用空气、水资源时可能产生的"公地悲剧",避免对不可再生资源的掠夺与毁灭性使用。世界上所有国家都享有地球上生态资源带来的利益,所以都应该担负起保护和补偿自然环境的义务,在维护生态系统以及人类自身而奉献力量。我国在全球生态环境问题上,勇于担负责任,在维护生态环境以及全体人类的利益方面发挥了重要作用,作出了很大贡献。

二、生态文明建设促进经济社会的全面协调可持续发展

改革开放以来,我国经济开始飞速发展,在各个方面都取得了巨大的进步和成果。但是在改革开放初期,我国粗放式的经济发展方式为我国带来了惊人的经济增长的同时,也造成了严重的环境污染。我国人口规模大,发展模式也比较陈旧,所以在改革开放初期只能通过大量消耗资源的方式促进我国经济增长,这也就造成了严重的环境污染,甚至一些地区的经济增长很大程度上就是靠牺牲环境换取的。面临这样的发展背景,我国当前的发展模式必须进行转变,要开始注重对资源的有效利用以及对生态环境的高度重视,要加强建设生态文明,将传统粗放式经济发展模式转化为生态化的发展模式,增强可持续发展能力,着力实现社会、经济、生态、资源的协调发展。

生态文明建设、经济社会的可持续发展必须要坚持以人为本,对人与自然的关系进行调整,促使人与自然和谐发展,将人的生存与发展作为价值目标,满足人们持续增长的物质文化生活需求。生态文明的出发点是充分满足人们的生存、发展、享受等方面的需要,其目标是促进人、社会、环境的和谐发展,是对人类发展进行的统筹规划。建设生态文明,要根据当前的经济发展水平,同时要分清主次,要明确建设工作的重点和层次,要充分考虑后再实施,避免再次规划引起的资源浪费。生态文明建设必须有利于经济发展,有利于政治、文化、社会等方面的全面发展。

(一)生态文明体现着全面协调可持续发展的基本要求

生态文明建设的目标是实现人、社会、自然之间的全面协调发展。生态文明的研究和建设面临着一个大课题,就是人与自然之间的关系,实现二者之间的和谐发展成为建设生态文明的关键。人类与自然之间有一种相互关系,根据生存环境的情况人类对自然进行利用和改造,自然环境也对人类的生存和发展产生影

响。如果人类为了满足自身的欲望而对自然中的生物物种进行毁灭性的破坏和开发,将会破坏自然生态系统,甚至会引起自然资源的枯竭。造成这种后果的话,纵使人类的智商和科学技术发展程度再高,都不可能挽回这种局面,最终危害的还是人类自身。

生态文明建设要求人们对人与自然间的辩证关系进行重新的认识和把握,要尊重和保护自然环境,从整体的角度重新定位和调节人与自然的关系,维护正常的生态秩序。实现人与人关系的生态化是实现人与自然关系的生态化的前提,人与自然关系的生态化反过来又作用于人与人关系的生态化过程。需要明确的是,人类并不是自然的主宰者,人在追求其价值理想和利益时,不可以只考虑自身的欲望,还要考虑自然所能容纳的程度和范围。人类想要持续的生存和发展,必须保障人与自然之间的和谐关系。从人与社会的关系的角度看,只有保证生态环境的健康发展才能保证社会可以健康平稳的发展,生态环境是人类生存的基础,也是人类社会其他文明存在和发展的基础。生态文明是物质文明、精神文明、社会文明、政治文明等的基础和前提,是实现人的全面发展的基础和前提。

从语义上的角度来说,"协调"一词中"协"与"调"为同义,都具有和谐、统筹、均衡等富有理想色彩的哲学含义,"协调"就是指"配合得当",即尊重客观规律,强调事物间的联系,坚持对立统一,采取中正立场,避免忽左忽右两个极端的理想状态。从语用上的角度来说,"协调"是指事物之间关系的一种理想状态,也是指实现这一理想状态的过程。社会发展与经济发展并不是一个意思,社会发展是指社会整体性的进步和发展,其中包括自然与社会两个部分。

从宏观角度进行理解,科学发展观的调整对象包括人与自然、经济与社会的关系;其中人与自然的协调发展,包括政治文明、物质文明、精神文明、社会文明与生态文明的协调发展,还包括城乡、区域之间的协调发展。物质文明的进步也就是实现经济增长;政治文明的进步也就是提高公民的民主权利;精神文明的进步就是指丰富人民的精神文化生活;社会文明的进步就是指建立人与人、人与社会之间的和谐关系;生态文明的进步就是指实现人与自然的和谐发展。十六届三中全会《决定》中提出,要统筹城乡、区域的发展,统筹经济社会的发展,统筹人与自然的和谐发展,统筹国内发展与对外开放,在以上要求中就可以看出我国对社会发展的新要求,是要推进社会全面发展、协调发展、均衡发展、可持续发展以及人的全面发展。可以看出,我国的科学发展观强调的是物质文明、政治文明、精神文明、社会文明和生态文明的协调统一发展。

从微观角度进行理解,科学发展观关注人与人关系的协调发展,社会各阶层利益的相互协调,以及个人的全面发展。生态文明认为,自然界是由其内部各个部分有机联系形成的系统整体,是其各组成部分之间的一种动态调整、和谐发展的过程。人类在追求社会发展时,要同时关注自然的健康发展,要保护自然环境,实现人与自然的和谐发展,而不是只顾自身发展却忽略自然环境,最终导致共同灭亡,这也是科学发展观协调性内涵的深刻体现。生态文明是调整人与自然之间和谐关系的重要变革,它促进人与自然之间的关系发生正确的转变,同时也反映出人、社会、自然之间的协调发展。

生态文明是科学发展观中全面协调可持续发展的集中体现。科尔曼认为的可持续社会,是将人类从扭曲异化的社会竞争中解放出来的一种社会形态,它不只是用其意志强制性地将人力资源和自然资源转化为资本,而是解放人类使他们有更多的机会和时间接受教育,从事科研探究,从而进一步使人类的想象与创造得到解放。可持续性是社会发展的基础,它不仅是指人类要尊重和保护自然,同时还要保证对经济和社会报酬进行公平公正的分配,通过这种方式帮助全体人民都可以有机会获得更好的发展。也就是说,发展不可以只满足当代人的需求,还要考虑到后代人的发展。在推进社会发展的同时充分考虑对后代人的影响,这是可持续发展的要求,是永续利用与人类代际公平的体现。科学发展观中提出要对人们的消费以及生产进行一定程度的控制,通过这种方式保证自然环境可以得到有效保护,环境容纳能力可以得到正常发挥,以此达到人类可以健康、长久、幸福的生存和发展的目标。生态文明建设需要实现人口、社会、资源和环境之间的协调持续发展,实现经济建设与资源环境之间的良性循环。

(二)以生态文明建设促进经济社会的全面协调可持续发展

生态文明是一种人类文明形态的超越,其中包含了十分丰富的可持续发展思想,科学发展观想要真正发挥其作用,需要充分吸收生态文明的有益成果。

1. 吸收生态文明的系统性、协调性思想为自身服务

可持续发展的取向表现在以下两个方面。

(1)以代际平等为主要内容的未来取向

这是指当代人在追求社会进步时,不可以对资源过分索取而影响后代人赖以生存的自然环境。想实现可持续发展,就必须重视代际公平,这就是要求当代人为了后代人的利益而进行自然资源的保护和保存。关于代际公平的理论,最初是由美国国际法学者爱迪·B. 维丝提出的,这就体现出了人的一种自律精神。当代人在满足其正当发展需求的情况下,不对资源过度索取,为后代人建立一个美好的生存环境,这实际上是纵向负责精神的一种体现。

(2)以代内平等为重要内容的整体取向

代内平等是横向负责精神的一种体现。想要实现社会的可持续发展,就要坚持代内平等原则,这是指同一代人,即使他们之间存在国籍、种族、性别、经济和文化等方面的差异,但对于要求良好生活环境和对自然资源的利用都应该具有平等的权利。不论是在历史上还是当今世界,都存在严重的代内不平等现象。很多西方国家将自然资源的掠夺转移到一些落后国家,将这些落后国家当作垫脚石和垃圾场,不考虑这些国家的利益而剥削和掠夺

自然资源。代内平等要求在全球范围内保证人与人、国家与国家之间的平等,一个国家开发和利用资源时,要充分考虑其他国家,所有国家应该对自然环境的保护担负相应的责任。按照实际情况来分配各个国家对环境保护的责任,是考虑到历史和现状的一种分配方式,相较于部分国家和地区的平均分配,这种分配方式更为公平。

2. 吸收生态文明的哲学与价值理念

生态文明的重要目标就是实现人与自然的和谐发展,其中强调人的主观能动性在这个过程中发挥的重要作用。生态文明理念中的和谐是在人的主观能动性发挥的基础上的主动和谐、进取式和谐。主观能动性的充分、正确发挥,可以帮助实现人与自然的和谐统一。人与自然是一种相互依存的关系,二者的发展相辅相成、互相影响、互相作用。正确地发挥主观能动性,可以推进社会进步,推动自然发展,人类社会与自然的发展相互包含。对社会来说,将生态文明理念作为其发展可持续社会的理念,不单指经济的发展,更是指社会整体的一种综合性发展;对自然来说,将生态文明作为其实现可持续发展的理念,不只是指自然资源的增加,更是指实现自然生态系统的整体性的良性循环。

3. 以生态文明的伦理观为指导

认为推动社会发展的关键在于实现科学技术的进步的观点是片面的,是一种对科技的盲目崇拜,工业发展为人类社会带来了飞跃式的发展,但与此同时也严重地破坏了生态环境。盲目地追求科技的发展,并不能解决严重的环境问题,对于空气、土地、海洋的污染并不会停止,对于生物多样性的破坏也不会停止,这些对自然环境的破坏甚至会随着科技的发展愈加严重,也会影响人类和人类文明自身。发展科学技术是为了更好地认识自然、改造自然,人们利用科学技术改善生态环境、加强物质建设时,应该用符合当今社会现状的伦理思想指导其行为。帮助人们树立正确的生态意识和生态道德对于推进建设生态化社会具有重要作用,而这就需要将生态文明的伦理精神作为其思想指导,促使人们开展生态化的生活活动,进行绿色消费。当今世界范围内出现的生态危机,实际上就是人类工业文明与自然生态系统的冲突产生的,这也是人类在这个方面出现了道德危机的一种体现。人类本身也是随着自然发展产生的,人类的生产、生活都不可能离开自然单独存在。可持续发展可以理解为是自然资本、物质资本、人力资本的有机统一,其中,自然资本的可持续发展是整体可持续发展的基础和前提,只有保证自然资本的可持续发展才能为物质资本、人力资本的可持续发展提供条件。

人类社会发展到一定程度后就会自然产生生态文明,这是社会进步的必然结果,是人类文明进步和发展的表现,也是可持续发展的伦理思想指导。生态文明建设要求人们对自然环境更加重视,促使人们形成生态化的思想理念,在一定程度上约束人类对自然的索取。想要有效地解决目前面临的生态问题,就需要更新人类的行为指导思想,通过生态化的伦理思想作为指导引领可持续发展的推进。尤其对发展中国家来说,要在发展的同时重视对环境的保护,不要复制西方先进国家的传统工业化发展模式,杜绝先污染后治理的环境保护方法,要从源头就防止自然环境被破坏。

第二节　建设资源节约型社会,制定生态文明实施路径

建设资源节约型和环境友好型社会,是我国当前根据社会现状制定的发展目标。建设"两型社会"是为了实现人、社会与自然的和谐统一发展,在保证经济增长的同时保护环境,建立与生态环境之间的良好关系。

一、建设资源节约型社会的路径

（一）转变经济发展方式，建立资源节约型国民经济体系

随着社会的进步和经济的发展，社会肯定会迎来经济发展方式的转型，这一般可以理解为是由外延型转化为内涵型、粗放型转化为集约型。更为具体的解释就是曾经的经济发展靠增加生态要素的投入，转变后的发展方式依靠提高生产要素的使用效率、技术进步对经济增长的贡献率；由曾经的依靠加大消耗资源、能源和原材料消耗，转变为依靠技术进步实现资源利用率的提高，合理开发资源，坚持保护生态环境，从而实现可持续发展；由曾经的通过扩张生产规模、提高产值增长速度，转变为优化和升级产业结构、提高产品的技术含量及其附加值；由依靠开发新项目，转化为在现有基础上深化改造企业的现有技术和产品。

想要建设资源节约型社会，就需要对经济发展方式进行转变。我国想对资源利用进行一定约束，正是因为我国之前长期以来采取粗放型经济发展方式，导致目前我国自然环境已经面临严重问题。我国现阶段存在生产设备和工艺以及管理水平相对落后的现象，导致我国单位产出的能源和资源的消耗较高，与先进国家之间存在一定差距。如果这个阶段我国不进行经济增长方式的转变，就会造成能源和资源持续大量消耗，这非常不利于我国的发展，会导致我国的经济无法保证持续性稳定增长，并且这种经济发展方式伴随着大量的资源和能源的消耗，长期持续这种生产方式无疑会对自然环境造成极大压力，最终会导致自然环境无法承载这些压力。若我国仍旧依靠粗放式的发展方式实现经济增长，那么就会导致我国各方面的提高和进步都依靠大量投入原材料、资本和劳动力，而不是依靠提高各生产要素的利用率，这会使我国的发展受到能源资源的严重约束，经济会出现停止增长甚至是倒退的现象。加快建设资源节约型社会，实际上就是加快

建设全新的经济发展方式和模式,使我国当前、未来的资源环境能力能够协调、稳定,以此为基础保证我国的可持续发展。

1. 经济发展要以科技进步和技术创新为推动力

技术进步可以对经济发展方式及其转变进行客观评价。想要推进经济增长方式的转变,就要通过发展科学技术、降低能源和资源消耗,进而提高资源利用率以及生产要素的使用率,并且要提高生产要素对经济增长的贡献率,以此保证经济可以快速、稳定、持续增长。我国推进可持续发展,就需要加强技术创新,实现产业的优化升级,以此解放增长潜力。

建设资源节约型社会,需要先进的科学技术加以支撑。国家需要对节能技术、节水技术、新材料技术、生物技术等方面进行重点的研究和开发,促进技术进步和科技成果进行转化,降低能源、资源的消耗,要对废物进行无毒害处理或者将其转化为资源的链接,加大对可再生资源的使用,通过充分合理地利用高新技术加快传统产业的转型和改造,要在整体层面提高资源节约的技术水平。建设针对资源节约技术进行研究和开发的专门机构,要保持持续的思考和探索,不断地调整、升级、创新资源节约技术。

以市场为导向,加速科技产业化,加速科技成果的转化,促进科技与技术可以进行有机结合。根据当前的实际情况,促进经济体制和科技体制的进一步深化改革,使市场、开发、生产、科研进行紧密结合,建立有利于自主创新的技术进步机制、布局合理的科技系统结构和富有活力的运行机制,促进科技进步、提高其对经济增长的贡献率。进一步加大科技投入的力度,扩大科技投入的范围,将企业也划入科技投入的主体范围内。强化经济管理、实现制度创新、建立现代企业制度,使企业内部的管理更为生态化,促进企业的生产经营活动有利于节约资源、降低能耗、增加效益。

2. 要调整优化经济结构

经济结构是经济增长方式的载体,经济增长方式要有与其适应的经济结构相配合,这样可以判断该经济增长方式的先进程度。所以,为了进行经济增长方式的转化,就需要进行经济结构的调整和优化。经济结构的调整包括对第一产业、第二产业、第三产业的结构以及各产业的内部结构进行调整和优化,经济产业结构的优化升级是实现经济增长方式转变的重点。

要对农业和农村经济结构进行调整和优化。我国目前的农业基础依旧薄弱,"三农"问题还没有得到有效的解决。所以,应该通过对农业结构的调整和升级,提高其综合生产能力,使农业的地位得以提升。对农业的产业结构进行调整优化,就需要对农业生产布局进行优化,充分发挥区域比较优势的作用,将那些具有明显的区域特色以及市场前景的农业品种进行重点开发,加速构建具有竞争力的现代农业产业体系。需要进一步推进农业经营产业化,加大对食品加工业尤其是以粮食为主要原料的加工业的扶持力度。要加强创新农业产业化经营模式,加强农业科技的创新能力,加强建设和完善科技创新特色区域,加快培育技术转化主体,促进科技成果进行转化,从而使农业发展模式发生转化,由主要依靠资源转化为主要依靠科技创新。

将新型工业化道路作为依据,加快推动第二产业结构调整和优化升级,将高新科技类产业作为主导,基础产业及制造业作为基础支撑,形成符合当代发展要求的全新产业格局。虽然我国的高新科技产业发展迅猛,但是传统产业、低技术含量产业、低附加值产业仍旧在产业结构中占有主导地位。我国高新科技产业的总产值与先进国家相比还是偏低,装备制造业的整体技术水平比较低,一些关键的设备和技术需要通过进口的方式解决。可以看出,我国的高新科技产业目前最需要的是加强其自主创新能力,要更多地掌握各大重要领域的关键技术,要减少对进口高新技术的依赖,加快产业内部的技术升级。因此,就要推进高新技术产业的发展,利用高新技术提高产品的技术含量和附加值;利用高新技术以及先进的节能、清洁等技术,对纺织、化工等传统产业进行产业升级,提高产业链中关键环节的生产技术水平,促进制造业水平的提高。

推动现代服务业加速发展。为服务业的发展营造良好的体制环境,按照市场化、产业化、社会化的方向,加快服务业管理体制改革;要同时推进生产性服务业和生活性服务业的发展,同时推进市场服务业和公共服务业的发展,推动经济与社会的协调发展;保证对传统服务业进行发展和提升,同时要注重现代服务业的大力发展,通过先进的信息技术作为支持发展现代物流、现代商务、电子医疗、现代金融等现代服务业的基础,有效提高服务业的运行质量,扩大服务业的功能范围,利用发展服务业帮助缓解社会就业压力。

对产品结构和组织结构进行调整和优化。产品结构是经济结构调整实现的载体,要根据当前的市场需要,加大力度对产品结构进行调整。产品结构的调整和优化,需要将提高产品质量和技术含量作为其重点内容,将产品竞争由价格竞争转化为品牌竞争,在良性竞争中诞生一批技术含量高、产品附加值高、具有较强国内国际竞争力的产品。通过市场机制的调节,通过企业重组和改制,进一步扩大企业的规模,打造企业的核心,将劳动力、资本以及技术等生产资源进行优化组合,增强企业的规模以及竞争力。

因为我国很长一段时间都是采取粗放式的经济发展方式,导致我国的资源和能源使用效率偏低。在进行产业结构调整时,我国一直将重点放在转变发展方式、调整产业结构和工业内部结构上,将形成"投入低、消耗低、排放低、效率高"的经济发展方式作为目标。因此要促进高新产业和服务行业的加速发展,控制能源和材料消耗大的产业的发展,将不符合当今发展要求的产业进行淘汰,从根本上促进经济发展方式进行转变,加快构建节能型产业体系。

(二)倡导资源节约型的生活方式和消费方式

建设资源节约型社会的一个关节环节就是树立正确的消费

观,建立健康、文明、节约型的消费模式。随着生产力的提高,在传统消费模式中存在着异化消费的方式,这种消费方式对环境造成了十分严重的破坏。当前我国的目标是建设资源节约型社会,这就需要有新的消费模式以实现目标。生态消费是指将人类社会的消费行为与自然生态环境进行协调统一,这是一种符合当今发展目标的生活理念和消费方式,它在消费领域中表现出可持续发展的思想,是在根本上进行的消费模式的变革。

要在整个社会范围内对节约型消费的思想进行宣传,提高社会公众的节约消费意识。首先,应该将节约消费的思想有机地融入学校教育中,学校对学生进行教育引导,使他们形成节约型消费的观念,从而影响他们的消费行为。其次,通过电视、网络和新媒体平台进行节约消费观念的宣传,要在最大的范围内向社会公众传播节约消费的观念,从而渗透到他们的日常生活中。想要让人们自觉地进行节约消费,首先就要在他们心中树立正确的消费观念,让他们意识到人与自然之间的正确关系,认识到资源和环境对于人类社会的重要性。

提倡绿色消费。控制消费主义需要在根本上对消费者进行引导。目前,在全球范围内有很多绿色运动,随着人们生活方式的转变,绿色消费开始逐渐成为一种健康时尚的全新的消费方式。绿色消费要求消费没有被污染的健康产品,重视对消费废物的处理,看中资源和能源的节约,提倡保护环境,促使人们丢弃不健康、不环保的消费方式。将绿色消费作为热点,以时尚新颖的方式拉动消费需求,通过绿色消费拉动绿色生产。绿色消费的主旨是节约自然资源和能源,尽量减少对环境的破坏,而并不是要求人们不进行消费,它提倡的是适度、健康的消费。推进绿色消费有利于实现可持续消费模式,有利于经济的可持续发展。

随着人们生活水平的提高,有些不正确、不健康的消费观念开始出现,这也就造成了社会上出现了铺张浪费的消费现象,这种现象应该严厉杜绝。充分利用先进的科学技术,生产节能环保型的消费产品和生活设施。社会公众应该对当前的能源情况进行了解,积极购买那些节能环保的消费品。可以看出,节约型消费是需要充分发挥人的主观能动性来实现的,这不是通过规则制度进行要求就可以实现的,而是需要人们在日常消费活动中选择节约型消费方式,不论是日常用品的消费,还是房屋、汽车的消费,都可以选择节约的消费方式。应该将消费结构的优化作为重点,引导人们选择合理的消费方式,在消费领域全面推广和普及节约技术,鼓励消费者尽量选择能源资源节约型产品。

(三)提倡清洁生产,发展循环经济

循环经济是基于生态经济原理和系统集成战略的减物质化经济模式,发展循环经济是建设资源节约型社会的一个必要环节。对建设资源节约型社会来说,发展循环经济是十分重要的一个环节,对资源进行循环利用本质上就是对资源的节约。加大力度发展循环经济,促进生产发展、生活富裕、生态良好的有机结合,协调发展。在一些重点的行业、领域、地区进行循环经济的试点运行,积极发展生态农业、生态工业和现代服务业,在整个社会范围内推进有利于节约资源、减少环境污染的清洁生产模式,建设节约型社会。

发展循环经济是缓解资源约束矛盾的根本所在。我国地大物博,资源总量较大,但是我国人口规模大,人均资源占有量少。我国经济快速稳定增长,随着工业化和城镇化进程的加快,以及为了实现全面建设小康社会这个目标而做出的努力,使得资源消耗也迅速增加。如果还采用传统的经济发展模式,依靠大量的能源消耗来实现建设工业化和现代化社会是不符合实际的。发展循环经济,可以减缓经济增长对资源利用造成的压力,可以有效地推进资源节约型社会的建设。

发展循环经济是减轻环境污染的有效途径。目前,我国自然生态环境的恶化并没有得到显著的扭转,环境污染的情况依旧十分严重。自然生态环境造成污染的原因与资源利用的水平有十分密切的关联,粗放型的经济增长方式也是造成环境污染的重要因素。大力发展循环经济,推广和普及清洁生产,可以在很大程度上降低经济发展对自然资源的需求程度,减少对生态环境影响的程度,这样可以从根本上解决经济发展与环境保护之间的冲突。

发展循环经济可以帮助我们实现人与自然的和谐、实现可持续发展。发展循环经济可以大幅提高对自然资源和能源的利用率,将废物排放降到最低,保护环境,帮助自然生态环境进行自我修复,直接推动可持续发展。循环经济重视人与自然之间的和谐关系,将自然生态系统的运行方式和规律作为其模板,进行资源的可循环利用,使社会生产的增长方式从数量上的质量型增长转变为质量上的服务型增长,通过这种模式促进社会、经济、环境的协调发展,同时循环经济还可以拉长产业链,增加就业机会,促进社会发展。在建设资源节约型社会的进程中,这也包含在内。

可以看出,建设资源节约型社会的目的就是在减少资源消耗,减少环境污染的情况下,保证经济和社会效益的提高,实现可持续发展,促进人与自然之间的和谐关系,实现经济发展与人口、资源、环境的协调,走生产发展、生活富裕、生态良好的文明发展道路,保证永续发展。实际上,发展循环经济的本质就是实现可持续发展的根本目的,将环境污染的程度降到最低来实现最大的经济效益和社会效益,在根本上解决保护环境与经济发展之间的矛盾和冲突,实现人与自然的和谐统一发展。以尽可能小的环境污染实现最大的经济效益和社会效益,从根本上消除长期以来资源环境与经济发展之间的尖锐冲突和矛盾,实现人与自然的和谐统一。循环经济和可持续发展都将重点放在降低资源消耗、保护环境上,使用有效的手段节约资源,实现经济社会可持续发展。

(四)加强宣传教育,提高公民的节能意识,增强节约资源的自觉性

建设资源节约型社会涉及整个社会,社会中的各个行业和领域都与之相关,想要实现这个目标就需要个人、企业、政府和社会

各界的积极支持、共同努力。社会中的每个个体都对建设资源节约型社会具有重要作用,同时他们也需要承担相应的责任。在建设资源节约型社会时,应该充分利用各种媒体和手段,一方面直接将这些资源应用在资源节约型社会的建设中,另一方面利用这些资源开展相关方面的宣传教育,使社会中的各方成员意识到建设资源节约型社会的重要性,在整个社会范围内树立节约发展的新观念、新思维。通过各种各样的宣传培训活动,充分利用广播、电视、互联网等手段开展推广和宣传,向全社会普及节约型社会和循环经济的知识,并通过典型案例加深印象,使社会成员树立健康正确的消费观。将资源节约型社会和循环经济的相关知识有机融入学校的教育中,通过教学引导学生树立正确的节约环保观念,再通过学生影响其家庭,通过家庭影响整个社会,通过这种方式增强全体社会成员的资源忧患意识和节约资源、保护环境的责任意识,使社会成员可以自觉主动地进行节约资源、回收利用废弃物等活动,逐步使节约资源和保护环境成为人们的生活方式和消费模式。

通过形式多样的方法对节能环保的重要意义进行宣传,不断增强全民资源忧患意识和节约意识。倡导能源节约文化,努力形成健康、文明、节约的消费模式。将资源和能源的节约融入各级教育中,通过各媒体进行宣传,动员社会各界广泛参与。

在整个社会内普及节能知识,树立"节约能源,人人有责,人人有利,人人有为"的观念和意识。首先,要加强国情意识教育,使公民充分了解当前我国的资源情况以及资源紧缺程度;其次,要推进公民的自我教育,节约这一美德需要通过实践进行培养,需要使公民自己意识到节约的重要性,自觉培养自己勤俭节约的习惯;最后,社区应该组织各类活动向公民开展勤俭节约的宣传和教育,在社区内营造一种健康的良好风尚,通过社会各界的共同努力,将节约资源变成全社会的自觉行动,只有这样才能真正建立资源节约型社会。

二、建设环境友好型社会的途径

（一）推进绿色发展

绿色发展之路现在已经是全球范围内公认的正确的发展模式，绿色发展之路重视经济发展与保护环境的统一与协调，也就是积极的、以人为本的可持续发展之路。绿色发展，一方面要求对资源和能源的利用方式进行改善和优化，另一方面要求对自然生态系统进行保护，目的在于实现人与自然的和谐共处、共同发展。

绿色发展强调"绿色"。可持续发展强调"可持续"，"绿色"与"可持续"之间有十分密切的联系。绿色发展包含很多内容：经济、社会和环境之间的和谐共处；地球上的自然能源具有有限性；城市的建设者、决策者、管理者、居住者之间的相互协作、共同承担；保证人类代际平等；尊重人类、尊重自然；有机结合能源高效利用、弹性设计和可循环使用的材料；保护社会公众免予污染造成的危害。

绿色发展实际上是对传统发展模式的一种创新，是建立在生态环境容量和资源承载力的约束条件下，将环境保护作为实现可持续发展重要支柱的一种新型发展模式。绿色发展理念对过度消费、资源高消耗低效率、污染程度高的经济发展方式的否定，是科学发展的思想精髓，同时是生态文化的时代内容与创新。因为绿色发展的目标是实现人与自然的和谐共处、共同发展，从中可以看到我国发展方式的转变，坚持走生产发展、生活富裕、生态良好的文明发展道路，从根本上抑制并扭转生态环境恶化，形成节约资源、恢复生态和保护环境的空间格局、产业结构、生活生产方式，创造更好的生存环境，为全球生态安全作出贡献。

1. 推进绿色发展是破解我国资源环境约束的必然要求

我国目前正处于工业化、城市化的高速发展阶段。从各国的发展经验来看,这个阶段需要消耗大量的资源和能源来实现发展;当一国的人均年收入达到 1 万美元左右时,人均资源消耗和污染排放的增速才会逐渐放缓,随后当社会发展到一定程度后才会保持稳定或略有下降。我国资源丰富,但人均资源占有率低,同时还存在各种污染物排放量大的情况,这就对我国的生态环境形成了极大压力。主要体现在江河湖泊的水质恶化;水土流失、荒漠化严重;由大规模采矿造成土地沉陷、水位下降、植被破坏等;环境污染问题也开始损害社会公众的健康安全。

2. 推进绿色发展是扩大内需的必然要求

经历了国际金融危机,全球经济结构进行了重大的调整。我国的经济增长在很大程度上是依赖国际市场的,但是这种对国际市场高度依赖、投资率偏高、消费率偏低的格局在面临全球经济结构调整的情况下难以维持,所以为了维持我国的经济增长就需要加大对国内市场的开拓,扩大内需,增强抵御国际市场风险的能力。

3. 推进绿色发展是加快经济发展方式转变,提高国际竞争力的必然要求

随着世界各国开始意识到能源的重要性,新能源、新材料、节能环保、生物医药等已经成了全球产业发展的重要项目,成了未来经济发展的重要环节。我国对于一些新兴产业的起步虽然比较晚,但是发展迅速,在一些领域与发达国家之间的差距比较小。例如,我国的新能源产业就是在国际范围内都较为领先,已经初步形成规模较大、体系相对完善的新能源产业,并且该产业具有广阔的市场前景,所以新能源产业可能成为我国在国际市场上的重要竞争力。加大力度发展绿色经济,可以促进产业结构进行优化升级,可以形成新的经济增长点,可以帮助我国在国际经济技术竞争中赢得主动地位。

4. 推进绿色发展应对气候变化的必然要求

我国政府对气候变化的问题一直是高度重视的,并制定和实施了应对气候变化的国家方案,同时制定了相应的目标。为了实现定下的减排目标,就需要加大力度对经济结构和能源结构进行调整,加快发展战略性新兴产业和现代服务业,转变经济增长的方式,通过绿色生态的方式实现经济增长。

5. 发展绿色经济是实现绿色发展的途径

目前资源环境的制约是一个重要问题,而发展绿色经济就可以解决这个问题。绿色经济将传统产业的改造升级作为其基础支撑,将发展绿色新兴产业作为发展导向,在保证经济平稳增长的前提下,促进技术创新,创造就业机会,降低经济社会发展对资源能源的消耗及对生态环境的负面影响。发展绿色经济需要开展以下几项工作。

(1)实现传统产业升级改造

对资源节约和环境保护方面的技术加大研发和引进消化的力度,对重点行业、重点企业、重点项目以及重点工艺流程进行技术改造,进一步提高资源的生产效率,对污染物和温室气体排放进行严格的监视和控制。制定和完善环境、能耗、资源综合利用等方面的技术标准,对那些能源消耗高、污染程度大的产业的规模进行严格控制。按照法律法规的规定,关闭一些浪费资源、污染环境和不具备安全生产的落后产能,利用信息技术对传统产业进行改造升级。

(2)大力发展节能产业

推动节能产业发展,要加大节能关键和共性技术、装备与部件研发和攻关力度,重点攻克低品位余热发电、高效节能电机、高性能隔热材料、中低浓度瓦斯利用等量大面广的节能技术和装备;根据实际情况采用财政、税收等措施,促进成熟的技术、装备和产品的推广应用;加强机制的创新,加大力度发展节能服务产业。

（3）大力发展资源综合利用产业

我国累计堆存了几十亿吨的工业固体废弃物，这些废弃资源并没有得到合理的回收利用，随着这些废弃资源数量的增加，相关产业会有很大的发展空间。因此，在实际工作中要做好以下工作：组织和开展对共伴生矿产资源和大宗固体废物进行综合利用、对餐厨废弃物资源进行再利用、对秸秆进行综合利用等，这些都属于发展循环经济的重点工程；加强力度推进再制造产业的发展；建设科学合理的再生资源的回收体系，尽快建设和完善以城市社区和乡村分类回收站和专业回收为基础、集散市场为核心、分类加工为目的的"三位一体"再生资源回收体系；推动国际范围内的再生资源循环利用，加强国际再生资源的获取能力。

（4）大力发展新能源产业

新能源是一种清洁能源，目前全球 1/5 的电力几乎都是由新能源提供的。风能发电的增长速度达到每年 30％，太阳能的增长速度超过每年 40％。我国的新能源发展前景好、潜力大，每年可再生能源资源可获得量达 73 亿吨标准煤，而现在开发量不足 5 000 万吨标准煤。我国的新能源产业发展极为迅速，在一些领域已经在世界范围内处于领先地位，我国的太阳能集热面积居世界首位。

（5）大力发展环保产业

对环境的污染问题要加以重视。应该加快建设城镇污水处理厂及相关配套设施和管网，对重点领域的水污染加强防治，推动严重缺水城镇污水再生利用设施建设。加大力度对大气环境进行保护。深入推进燃煤电厂脱硫设施建设，加快推进重点耗能行业二氧化硫综合整治；实施城市空气清洁行动计划。

6. 增强生态产品生产能力才能体现真正的绿色发展

党的十八大报告中对大力推进生态文明建设进行了集中论述，其中提到应该加强生态产品的生产能力，以此加大对自然生态系统和环境的保护力度。生态产品指那些维系生态安全、保障生态调节功能、提供良好居住环境的自然要素。其中包括干净的空气、清洁的水源和宜人的气候等。生态产品是人类在地球上生存发展所必需的。"生态产品"是"产品",产品可以不是商品,但是必须具有一定价值。应该意识到生态系统本身具有的巨大价值,以及为了保护和维护生态系统需要投入的代价。随着不断地发展,我国物质产品的生产力得到了很大程度的提高,但是生态产品的生产能力却减弱了。人们的生活水平得到了提高,这就导致人们对良好的生活环境、优质的生态产品的需求也逐渐提高,这已经成了一个紧迫的问题。

7. 实施生态修复工程,实现绿色发展

生态修复是指停止人为因素对自然生态系统的干扰,减轻生态系统需要承受的压力,使生态系统通过自身的调节能力进行自我修复并向正确的方向演化,或者可以在生态系统发挥其自我调节功能的同时辅以人工措施,使已经被破坏的生态系统恢复到正常状态或是向良性循环的方向发展。开展生态修复工程的重点是将因为自然突变或是人为原因而遭到破坏的生态环境进行修复和重建,使其可以恢复到良性循环状态,例如在遭到砍伐破坏的森里中植树,让遭到驱逐的动物回到其原本的生活环境中。生态修复的内涵主要包括以下几个方面。

第一,恢复生态结构。这是指使遭到破坏的生态系统恢复其完整性,使物种多样性以及群落结构完整性恢复至正常、良性的状态。

第二,修复生态系统功能。这是指使遭到破坏的生态系统恢复其本身具有的生态功能,使其回到正常、健康的状态。

第三,恢复可持续性。这是指使遭到破坏的生态系统恢复其抵抗能力和自我修复能力,使其可以实现可持续发展。

第四,恢复生态系统的文化和人文特色。自然环境是人类文化的发源地,文化遗产通常孕育于自然遗产中。

（二）推进低碳发展

1. 走中国特色的低碳发展之路，是一项既紧迫而又需要长期不懈努力的艰巨任务

发展理念是决定发展路径的关键，随着时间的推移，不同的发展路径带来的发展成果之间的差距会越来越明显。所以，应该确定正确的发展观念，选择合适的发展路径，放眼未来，脚踏实地，要着眼于发展模式的转变，从高消耗高排放的资源依赖型转化为具有低碳清洁特征的技术创新型。按照当前的实际情况，我国不可能采用发达国家那种以高消耗高排放为支撑的发展路径，而是需要实现跨越式发展，这就要求我国在发展工业化的同时，向生态文明的方向发展，探索出全新的低碳发展之路。低碳发展之路可以统筹可持续发展和碳排放控制，是适合我国当今发展目标的有效路径和优质选择。不同的发展阶段，在气候变化、碳排放等方面需要承担的义务、需要实现的目标、需要关注的重点都有所不同。

就目前我国的现实情况来看，还会有很长一段时间都处于工业化阶段，在这个阶段，经济发展迅速，工业化与城市化的建设对资源和能源的需求高，碳排放会呈现持续增长，此阶段的重要任务是充分利用技术创新，降低二氧化碳的单位排放，提高碳排放的产出效益。同时，我国的经济发展水平处于不平衡的状态，存在城市与农村、东部与西部之间的明显差距，在我国中西部一些落后的农村，还通过直接燃烧的方式获取生活所需能源，生活水平低，就会对生态系统造成破坏，这些地区对优质的商品能源有十分急迫的需求。

2. 走低碳发展道路是我国现实的必然选择

从我国发展低碳经济的需求来看，发展低碳技术一方面可以适应气候变化提出的需求，另一方面是保障能源供应安全、建设资源节约型和环境友好型社会以及建设生态文明的需要,同时也是贯彻落实科学发展观、实现可持续发展的必然选择。

(1)我国经济增长的出口依存度比较高,产业链水平较低

我国当前处于工业化、城市化高速发展的阶段,在短期内产业结构很难实现大幅调整。可以从图 4-1 中看出,2012 年到 2016 年三次产业增加值占国内生产总值的比例。根据预测,我国的工业化进程会持续加速至 2020 年左右,城镇化进程会持续加速至 2030 年左右,根据发展的惯性,在现阶段以及今后较长一段时期内,我国第二产业占国内生产总值的比重不会出现剧烈快速的下滑,但是随着我国的不断发展,第三产业产值的比重正在逐渐增加。我国的对外贸易依存度一直较高,并且出口商品大部分为高能耗、高污染和劳动力密集型产品,这不利于我国进行产业结构调整和能源结构优化。

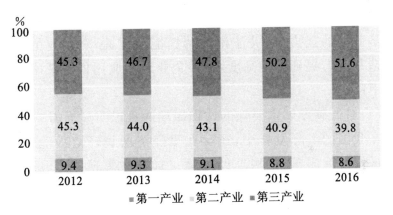

图 4-1　2012—2016 年三次产业增加值占国内生产总值的比例

我国在很长一段时期内都是将煤作为主要能源,这一现状很难改变。但通过不懈努力,我国煤炭在一次能源消费中所占比例从 2010 年的 70.2% 下降至 2016 年的 62.3%,实现了连续 5 年的比例下降。但是,这与发达国家之间的差距还很大,超过世界平均水平较高。为了改善这种现状,就应该更多地依靠技术创新继续努力,提高煤炭使用效率,提高天然气等能源的使用。根据相关预测显示,2030 年我国煤炭在一次能源消费中仍会占有 50% 以上的比例。

（2）有利于提高能源效率的社会环境仍需改善

关于提高能源效率方面，我国还没有健全的法律法规和规章制度等，并没有为我国推进能源的高效利用提供良好的社会环境，没有将节能减排真正作为转变经济发展方式的切入点和着力点。我国的"三高"产能在短期内很难完全淘汰，在提高能源效率的技术推广方面存在障碍，能源系统的技术提升存在一定限制。

（3）低碳技术创新与推广应用能力严重不足

我国在低碳技术方面的研发投入低，创新能力比较弱，对于先进实用的低碳技术存在开发不足的问题，并且我国自主拥有的具有知识产权的高效低碳技术和产品少。我国没有健全的低碳服务体系，在对于低碳产品和技术的鉴定和认证方面存在缺口，也没有具有权威性的、运行稳定的相关信息交流合作平台，对相关产品和技术不能提供完备的保护，这就导致了我国低碳技术的推广应用受到一定制约。除此之外，我国很多企业更为重视其创造经济效益的能力，更关注市场营销能力方面，对企业的技术升级改造并没有提到战略高度，很多企业对于应用低碳技术的积极性并不高。

（4）对低碳发展重要性的认识短期内难以明显提高

在我国的实际发展中，还存在重经济增长轻结构优化、重增长数量轻发展质量、重短期绩效轻长远利益等现象，低碳发展并没有得到充分的重视。除此之外，我国部分人民并没有充分的低碳意识，没有形成健康低碳的生活方式。

3. 低碳发展的路径选择

（1）要提高能源效率

我国目前处于工业化阶段，在这个阶段降低碳排放最有效的方式就是提高能源效率，并且在这方面有很大的提升空间。我国目前在技术方面存在一定落差，我国拥有一些世界领先的技术，但同时在一些方面的技术却处于落后地位。例如钢铁行业，我国大中型钢铁联合企业吨钢的综合能耗水平比较低，但小炼钢和落后技术则能耗高、排放多。这就要求我国要将落后产能进行加速淘汰。我国在钢材、化工、机械等领域的投资大力度强,在我国"十一五"规划中提出的淘汰小火电、小水泥、小造纸,在实践中都取得了较好的效果。

(2)开发利用可再生能源

我国的可再生能源资源丰富,进行可再生资源的开发和利用成本相对较高,但是我国在这个领域已经有一大部分商业化。比如太阳能热水器,农村的小沼气等都在实际生活中得到了普遍应用;风力发电在我国的发展也非常好,有很好的发展前景;太阳能光伏发电、光热发电两种技术也得到了成功运行。同时,我国正在推进核电发展,已经从沿海地区延伸至内陆地区。

(3)提高投入和各种补贴

目前有很多低碳能源技术、产品在持续开发中,为了推进这些技术和产品的研究开发,政府和企业应该加大投入。对于该方面,应该实行和加大政策补贴。例如,对低碳技术的研究、开发、运用给予补贴;对那些不具备商业竞争力、社会成本低的能源和技术给予补贴。这种政策补贴可以起到鼓励作用,促使它们更迅速地成长。

(4)政府要对公共消费加以控制

我国的公共浪费情况较为严重,提倡低碳就需要在这些方面加以改善。不论是在公共场所,还是在办公区域存在的公共浪费行为都应该进行监督和控制。一些发达国家,对于低碳公共消费十分重视,在全社会范围内推动公共消费低碳化,并取得了不错的成果。我国的公共消费低碳化也应该得到推行,可以从政府开始率先履行,成为行为模范。

第五章 树立生态文明理念,正确处理人与自然关系

自然是人和一切生物的摇篮,是人类赖以生存和发展的基本条件。人类要想实现永续发展,就必须树立生态文明理念,处理好与自然的关系。

第一节 树立生态文明理念

十八大报告强调了生态文明建设的重要性,指出:建设生态文明,是关系人民福祉、关乎民族未来的长远大计。在实际生产生活中,要理念在先、行动在后。离开了理念的指引,行动就会失去方向、难以落实。因此,十八大报告明确指出:必须树立尊重自然、顺应自然、保护自然的生态文明理念。

一、树立生态文明的核心理念

（一）尊重自然

尊重自然必须树立和谐协调的理念。和谐协调是生态文明的本质特征,是人与自然的本质统一。一个和谐协调的系统必然是结构合理、联系密切、运行有序、功能强大的系统,更能充满生机,走向繁荣。自然生态系统、人体生态系统和社会生态系统都是如此。

和谐共生是自然界的普遍规律。达尔文认为,在自然生态系

统的发展演进中，竞争不是自然界的唯一规律。一种生物可以创建一个不曾被占据过的自己的特殊位置——并且无须牺牲另一种生物的生存。只有在一个缺乏创造性的世界里，禁锢在严格的生存模式里，需求的匮乏和冲突才成为不可避免的命运。因为绿色生命富有强大的创造力，所以自然界里，还有一种普遍规律，那就是和谐共生。自然生态系统中存在的生态位分离、生态系统普遍联系、相互适应、协同进化以及生物间的趋异、宽容等现象，都是这种规律的表现。

和谐协调是人类健康的基础。人体作为自然生态系统和社会生态系统的有机融合，其发展也是如此。人的生理属于自然生态系统，人的心理则是自然生态系统和社会生态系统的融合。人的生理的阴阳协调，心理的和谐平衡，对于人的身体健康发展具有十分重要的意义。许多事实一再证明，如果人的情绪经常处于失衡（即不和谐）状态，那么人得病的概率就会高出许多。不少癌症都与恶劣情绪有密切关系。中医的怒伤肝、哀伤胃、惊伤胆、郁伤肺和乐极生悲之说，就是这个道理。

和谐社会是人类永恒的追求。在人类社会的发展中，人们渴望和谐、追求和谐，为实现和谐社会的理想不懈努力。和谐的主要内涵是和而不同。自然—人—社会复合生态系统是由许许多多不同的子系统和不同因子组成的，是矛盾的对立统一体。所以"和实生物""同则不继"。和谐协调的核心是融会贯通。融会就是包容、消化与吸收，贯通包含联系与互补。它们包含差异和冲突，而差异和冲突又蕴含着多样性。要承认差异、化解冲突、坚持宽容、实现包容，切实达到融会贯通，从而实现人与自然的生态和谐、人与社会的社会和谐、人与自身的心态和谐，建成生态文明社会。

生态文明是一种包容性的文明，和工业文明人类中心主义的排他性、掠夺性与残暴性，具有标志性的区别。

因为人与自然的关系是和人与人、人与社会关系密切联系的，所以只有全面树立和谐的理念，才能切实尊重自然。

（二）顺应自然

顺应自然必须树立自然法则的理念。

自然法则是人类行动的指南之一，是生态文明建设的重要法则，是顺应自然的本质要求。自然法则主要有以下几个方面。

1. 生态整体，普遍联系法则

自然生态系统是一个相互依存、有着错综复杂联系的整体。每一种事物都与别的事物相关，"物物相关""相生相克"是自然运行的重要规律。如，28 的几何次方规律是生态学的重要规律，即一个物种在生态系统中的灭绝，会导致大约 28 个物种的相继灭绝。生物圈中具有精密的内部联系网络，"生态网是一个扩大器，在一个地方出现的小小混乱就可能产生巨大的、波及很远的、延缓很久的影响"。这种影响具有滞后性的特征，难以在短期内出现，往往被人们所忽视，因而其危害性更加深远和严重。生态与经济从来没有像今天这样紧密联系。这就要求我们遵循生态系统整体性、普遍联系法则，把自然—人—社会复合生态系统作为整体看待，以生态整体观的立场和综合协调的方法进行生产活动和生活活动。绝不能只知其一不知其二；只见树木，不见森林；只看眼前，不看长远。否则必然受到自然法则的惩罚，造成覆水难收的悲剧。

2. 循环转化，皆有去向法则

在自然生态系统中，物质循环和能量转换实际上是很复杂的。通俗一点说，参加循环转化的绿色植物、动物、微生物有千千万万种，它们之间既有生存竞争，又是协同演进，形成相互依存、有机联系的生态链（网）。绿色植物作为生产者，吸收太阳能，并从大气圈、水圈、土壤岩石圈中吸收水、氧、氮、碳以及大量矿物质元素，经过光合作用生产出碳水化合物和蛋白质；动物作为消费者，分为两级：一级为食草动物，以绿色植物为生；二级为食肉动物，以其他动物为食物（但归根结底还是以绿色植物为生）。微生物作为还原者，它们通过分解植物和动物的肢体、粪便等，一方面可以从中吸取营养；另一方面把许多营养素还回到土壤中，这样就形成了一个闭路循环。

循环转化的法则使自然生态系统的一切事物都必然有其去向。自然界是没有垃圾、没有多余物的，一切事物都在充分（循环）利用之中。一切"资源"都是优化配置，最讲"经济效益"，切实达到生态效应与经济效应的相统一和最优化。所以，生态学实际上就是研究自然的经济学。这是我们必须掌握并运用于生态文明建设的基本法则。

社会实践中的循环经济，就是根据上述思想和原理，把自然生态系统循环转化的法则运用到经济发展这个子系统中的典型。

3. 生态平衡，阈值为度法则

生态平衡是自然—人—社会复合生态系统运行的最基本法则。生态平衡是指一个生态系统在特定时间里内部生物之间、生物与环境之间达到了互相适应、协调和统一的状态。因为这种平衡只是相对的而不是绝对的，所以也称生态系统的动态平衡。

生态平衡是大家熟悉的基本规律，有以下几个特征。

(1)生态平衡具有整体性特征。这就是自然界大系统生态平衡和局域小系统生态平衡的协同统一。

(2)生态平衡是开放性的动态平衡。生态系统遵循耗散结构原理，必须同外部环境进行物质、能量、信息的交换，才能促进其平衡，并往高层次的平衡发展。

(3)生态系统具有自调节、自控制和自发展能力。它充分体现了大自然的智慧。生态系统具有一定的抗干扰和抗风险的能力，但是这种能力是有一定限度的。这种限度在现代生态学上称为阈值。即各子系统、各种因子都必须维持在一定的阈值范围，如果外界的干扰超过了阈值，自调节就失灵，生态平衡就会被打破，生态系统就会发生紊乱甚至瓦解。所以，研究并掌握生态系统的阈值,促进人类的生产和生活活动控制在其阈值之内,是十分关键的。这就是阈值法则,它是人类进行任何活动都必须遵循的。

4. 多样性增加系统稳定性法则

生态因子的多样性增加生态系统的稳定性,是上述生态平衡法则的内容。但是因为它广泛指导着生态文明的社会、经济、生态等各个领域的建设,具有重要的作用,所以有必要单独加以阐述。现代生态学认为:生态系统越具丰富性、完整性,其结构就越复杂也越合理,抗干扰和自调节(包含自恢复和自平衡能力)的能力就越强,效率就越高。生态功能越优化,系统越趋于稳定。

多样性增加稳定性是竞争与协调的对立统一。多样性导致竞争,竞争提高了系统因子的活力从而优化了系统结构,于是就产生更高层次的协调,增强了系统抗干扰、自调控、自发展的能力。例如,在自然界里,混交林的综合生态功能比单纯林更强,生态系统更加稳定。在经济领域也是这个道理:垄断终将导致经济衰退;单一成分的经济抗风险能力比较薄弱;"资本主义也有计划经济,社会主义也有市场经济";合作双赢是未来商业竞争的必然趋势。在社会领域要和而不同:允许多种所有制共同存在,让它们互相补充;各民族和谐相处是国家稳定的保障;世界多格局的形成是和平与发展的基础;等等。

5. 法则面前,善恶有报

人类怎样对待自然,自然就怎样对待人类,这是一条铁的法则。

事实再三证明,凡是违背自然生态系统运行法则的,必然要受到自然的惩罚。工业文明反自然法则而行之,暴露出人类的暴力性和人性恶。人类破坏了自然环境,自然界已经向人类亮出了黄牌或红牌,如果再往前一步,就是万丈深渊。

生态文明遵法则而行之,充分显示人类的协调性和人性善,人与自然、人与人、人与社会之间的关系和谐协调，双向互补、友善相待、合作共赢，人类将与自然界共同走向美好的明天。

（三）保护自然

"生态环境保护是功在当代、利在千秋的事业"，也是全人类的事业。所以保护自然必须树立以下理念。

（1）"地球村"的理念。用"地球村"的理念指导保护自然具有更深刻的内涵、更综合的意境和更长远的意义。地球是全人类的共同家园，"人类只有一个地球，各国共处一个世界"，保护自然要在全人类共同努力的框架内才能最终实现。它要求每个国家、民族、个人都要"培育一种对地球这个行星作为整体的合理的忠诚"。

"地球村"是21世纪全球生态化时代、知识化时代、经济一体化时代、信息网络化时代的集中表达。生态化和知识化是全球的，经济一体化和信息网络化使地球像一个村庄。所以"地球村"是宏观世界与微观世界的有机统一；是空间整体性、时间（代际）延续性和时空统一性的集中表达。资源能源枯竭、生态环境恶化、自然界对于人类的报复、人类工业文明病蔓延等危机是全球性的，所以共同应对危机是事关全人类前途命运、各民族兴衰成败的大事，是全人类最紧迫的大事。"保护环境是全人类的共同事业，生活在地球上的每一个人都有责任为维护人类的生存环境而奋斗。"环境问题和可持续发展目标，只有在国际合作的条件下才能得到解决。"我们不只是继承了先辈的地球，而且是借用了儿孙的地球"。后代人没有现在的发言权，我们不能再做吃子孙饭、断子孙路的事。对此全人类已经逐渐达成共识，有最多的共同愿望、共同语言和共同行动——不分地理区域、不分国家民族、不分社会性质、不分意识形态。由于人类的前途和命运是紧紧连在一起的，就像一个村庄里的人，必须和谐协调、同舟共济，合作双赢，才能共渡难关。这是历史的必然选择，是生态文明必将在全世界发生和发展的宏观内在必要条件。尽管还会有许多曲折和反复,但是其发展趋势是不可改变的。

(2)人类与自然共繁荣同发展的理念。保护自然是为了使自然—人—社会复合生态系统共同繁荣、持续发展。所以还要树立以下基本理念和应用理念。

一是要树立"在保护中发展,在发展中保护"的理念。

一方面,要认清良好的生态环境,努力破解制约经济发展的瓶颈,加大自然生态系统和环境保护力度。要实施重大生态修复工程,增强生态产品生产能力。要加强防灾减灾体系建设,提高气象、地质、地震灾害防御能力。要坚持预防为主、综合治理,以解决损害群众健康突出环境问题为重点,强化水、大气、土壤等污染防治。要坚持"共同但有区别的责任"原则、公平原则、各自能力原则,同国际社会一道积极应对全球气候变化。为人民创造良好生产生活环境,为全球生态安全作出贡献。

另一方面,以经济建设为中心是兴国之要。只有推动经济持续健康发展,才能筑牢国家繁荣富强、人民幸福安康、社会和谐稳定、保护自然的物质基础。从长远看,如果停止了经济发展,生态环境也是保不住的,贫困不是生态文明。所以必须树立在发展中保护的理念,按照人口资源环境相均衡、经济社会生态效益相统一的原则,把经济社会发展与生态环境保护有机统一起来。这不但在理论上是科学的,在实践中也是可行的。我国的一些区域、城乡、行业、企业已在这方面做出了成功的探索。

二是要树立"节约资源是保护生态环境的根本之策"的理念。资源与生态环境是有机联系的。物质不灭定律告诉我们:一方面节约资源就是保护生态;另一方面资源的充分利用,必然是"废弃物"排放的充分减少。如果一个单元的资源本来能够生产出三个单元的产品,但是在生产过程中,却只生产出一个单元的产品,那么必然会有三分之二的资源被当作"废弃物"排放。这不但严重浪费资源,而且必然严重污染环境。在生活中的浪费,不但是浪费资源,而且必然是污染环境的。所以,要坚持节约集约利用资源,推动资源利用方式根本转变。

三是要树立反哺自然的理念。减量化、再利用、资源化只是经济子系统的物质循环转化，只能起到节约资源与减少污染的作用，只能减缓资源枯竭的步伐，而且在静脉产业的发展中，还会出现二次的能源消耗和污染。所以应当从自然—人—社会复合生态系统的层面来保护自然。自然、人、社会是共同生存在地球生态母系统之中的，它们必须协同演进，才能共同发展。在协同演进中必须形成复合生态系统的大循环，即人类、社会和自然界的大循环（而不仅仅是经济子系统内的循环）。人类不但需要从自然界中获取物质资源，而且要反哺自然界，发展自然力，进行生态建设，发展可再生资源，让自然界能够保持生机、蓬勃发展。要增加资源的存量，提高资源的质量，增强生态系统功能，同时又要善于把生态与环境的优势转化为经济社会发展的优势，以形成自然—人—社会的良性循环和协同演进的态势。此为增量化原则。这个原则比循环经济的减量化原则、再利用原则、再循环原则都更本质更重要。这样才能保持自然生态系统长繁荣、子孙后代长受益。

二、生态文明理念的创新

（一）树立生态文明的开发理念

1. 主体功能开发与科学发展相统一的理念

主体功能开发分为优化开发、重点开发、限制开发、禁止开发。其中的"开发"，特指大规模高强度的工业化城镇化开发。限制开发，特指限制大规模高强度的工业化城镇化开发，并不是限制所有的开发活动。对农产品主产区，要限制大规模高强度的工业化城镇化开发，但仍要鼓励农业开发；对重点生态功能区，要限制大规模高强度的工业化城镇化开发，但仍允许一定程度的能源和矿产资源开发。将一些区域确定为限制开发区域，并不是限制发展,而是为了更好地保护这类区域的农业生产力和生态产品生产力。

一定的国土空间具有多种功能,但必有一种主体功能。从提供产品的角度划分,或者以提供工业品和服务产品为主体功能,或者以提供农产品为主体功能,或者以提供生态产品为主体功能。在关系全局生态安全的区域,应把提供生态产品作为主体功能,把提供农产品和服务产品及工业品作为从属功能,否则,就可能损害生态产品的生产能力。比如,有些草原地区的主体功能是提供生态产品,若超载过牧,就会造成草原退化沙化。在农业发展条件较好的区域,应把提供农产品作为主体功能,否则,大量占用耕地就可能损害农产品的生产能力。因此,必须区分不同国土空间的主体功能,根据主体功能定位,确定开发的主体内容和发展的主要任务,实现科学发展。

2. 牢固树立生态红线理念

生态红线是国家、区域安全的生命线,要"划定并严守生态红线,构建科学合理的城镇化推进格局、农业发展格局、生态安全格局,保障国家和区域生态安全,提高生态服务功能";要根据资源环境承载能力开发,不能超过生态阈值。如我国必须严守 18 亿亩耕地红线以及森林、湿地、海洋、草原生态红线。"温室气体"排放、$PM_{2.5}$、土地农药化肥施用量、企业污染物排放量、工业化城镇化开发等,都不能超出生态环境阈值。

在工业化城镇化的过程中,必然会有一部分人口主动转移到就业机会多的城市化地区。同时,人口和经济的过度集聚以及不合理的产业结构也会给资源环境、交通等带来难以承受的压力。因此,必须根据资源环境中的"短板"因素确定可承载的人口规模、经济规模以及适宜的产业结构。我国不适宜工业化城镇化开发的国土空间占很大比重。平原及其他自然条件较好的国土空间尽管适宜工业化城镇化开发,但这类国土空间更加适宜发展农业。为保障农产品供给安全,不能过度占用耕地推进工业化城镇化。即使是城市化地区，也要保持必要的耕地和绿色生态空间，在一定程度上满足当地人口对农产品和生态产品的需求。因此，各类主体功能区都要有节制地开发，保持适当的开发强度。

同时，要根据自然条件适宜性开发。不同的国土空间，自然状况不同。海拔很高、地形复杂、气候恶劣以及其他生态脆弱或生态功能重要的区域，并不适宜大规模高强度的工业化、城镇化开发，有的区域甚至不适宜高强度的农牧业开发，否则，就会超出生态红线，对生态系统造成不可挽回的破坏。

3. 调整空间结构的理念

空间结构是城市空间、农业空间和生态空间等不同类型空间在国土空间开发中的反映，是经济结构和社会结构的空间载体。空间结构的变化在一定程度上决定着经济发展方式及资源配置效率。从总量上看，目前我国的城市建成区、建制镇建成区、独立工矿区、农村居民点和各类开发区的总面积已经相当大，但空间结构不合理，空间利用效率不高。因此，必须把调整空间结构纳入经济结构调整的内涵中，把国土空间开发的着力点从占用土地为主转到调整和优化空间结构、提高空间利用效率上来。

4. 提供生态产品的理念

人类需求既包括对农产品、工业品和服务产品的需求，也包括对清新空气、清洁水源、宜人气候等生态产品的需求。从需求角度来看，这些自然要素在某种意义上也具有产品的性质。保护和扩大自然界提供生态产品能力的过程也是创造价值的过程。保护生态环境、提供生态产品的活动也是发展。总体上看，我国提供工业品的能力迅速增强，提供生态产品的能力却在减弱。而随着人民生活水平的提高，人们对生态产品的需求在不断增强。因此，必须把提供生态产品作为发展的重要内容，把增强生态产品生产能力作为国土空间开发的重要任务。

5. 优势互转，良性循环理念

在开发中，必须善于使生态优势和经济社会发展的优势互相转换，实现经济社会与生态效益相统一与最优化。一个地方的生态优势往往是抢不走的优势，只要用生态文明理念指导，开动脑筋，一定能够转换为这个地方的经济特色和优势。对于一时无法转换的，一定要保护好生态优势，一草一木都是宝，相信后人会比前人更加有智慧。一个地方有了经济发展优势，也一定要转换成生态环境优势，这样就会促进经济质量和效益的提高。如具有高价值的高端制造业，一定要落户在生态环境极其良好的地方，这样就形成良性循环。对于生态劣势的地区，先要把劣势转变成优势，然后互相转换。在经济开发项目的选择中，要进行经济和生态效益的博弈分析，挑选出既有经济效益又有生态效益的项目。优势互转，良性循环在不少地方都有成功的经验。

（二）树立生态文明的道德理念

生态文明道德的实质是：人们在生存和发展过程中，把人类的道德认识从人与人、人与社会的关系扩延到人与人、人与社会、人与自然的关系，促进三者和谐协调、共生共荣，共同发展的道德规范体系。生态文明道德具有以下功能：一是协调人与自然的关系，在充分认识自然的存在价值和生存权利的基础上，增强人对自然的责任感和义务感，善待自然。二是实现可持续发展的道德基础。生态文明道德以其特有的规范、舆论导向制约着破坏生态、浪费资源、污染环境的言行，促进科技沿着生态化的方向发展。三是生态法规政策的重要补充。四是具有维护国际平等、反对霸权主义的功能。生态文明道德作为维护全人类共同利益的一面旗帜，它要求对造成当代世界资源与生态环境危机负主要责任的发达国家应当承担相应的历史责任，承担更多的现实义务。五是在社会经济领域中建设诚信、良性竞争与合作双赢等美德，促进生态和谐、人态和谐与心态和谐。

所以生态文明道德必须遵循以下主要理念。

1. 尊重自然的价值与权利的理念

这是生态文明道德的基本理念。工业文明道德观认为，只有人才有价值，自然界的存在只是为人类服务，才有其价值，自然界只有工具的价值，本身是没有价值的，更谈不上什么权利。生态文明道德观认为，自然界的每一生物种群（包括每一个生物生命）对于其他生命，对于自然界自身都有其不可忽视的价值。这两者统一于自然界的生命生存方式中。生物的生命方式构成了自然界的一个主体，形成了人和生物生命双主体共轭的系统。自然界有其存在的权利，人类不但不应该剥夺自然界其他生命存在的权利，而且应当更好地发挥自己的主观能动性，尊重、保护自然界其他生命的生存和发展的权利。这种保护不仅是为了人类的自身利益，不应当只是为了对人类有用，而且还是为了整个自然界的发展，对自然界自身有用。总之，人类要把关心人与关爱自然统一起来，以人性化的情怀善待自然界的其他生命，对自然界的一切生命以及生命赖以生存的环境负责，承担义务和责任，这样才能体现人的价值的全面性。

2. 科学、公正、平等的理念

这是生态文明道德的核心理念。生态文明的本质特征是和谐协调，而通向和谐的关键环节是科学、公平、公正。所以生态文明道德把它作为核心原则加以践行。首先，要求遵循自然—人—社会复合生态系统的规律办事，科学地进行人与自然的物质交换，反对不计自然成本的、以牺牲生态环境为代价的发展。其次，公正、公平包括地球母系统的、国家的、区域的、个人的、代内的和代际的，主要包括人与自然的平等以及代内的公平正义。

(三)树立生态文明的政绩理念

生态文明的政绩理念是建设生态文明的重要导向。有什么样的政绩理念,就会产生什么样的执政行为。生态文明的政绩理念也是一个系统,下面择其关键的三个方面加以阐述。

1. 民生为上

我国古代就有"为官一任,造福一方""万事民为先"的说法,这实际上就是民生为上的理念。我们国家发展到现在这个阶段,生态环境问题已直接威胁到公众的安全、健康,成为与公众十分密切、直接相关的重大民生问题。遗憾的是,有些干部和企业对这些问题视而不见,漠不关心,导致一些地方民怨沸腾。党员干部应当切实树立民生为上的理念,解决好生态环境问题,为人民办实事。

2. 功成不必在我任

"生态环境保护功在当代,利在千秋。"它是短期效益和长期利益的有机统一。一些干部存在着急功近利的思想,不愿意做"前人栽树,后人乘凉"的事情,但"士不可不弘毅,任重而道远"。政府和企业要避免只注重出眼前政绩,缺乏长远打算,只管建设、不管保护的错误做法,更不能做表面文章的政绩工程。要切实树立"功成不必在我任"的理念,一张蓝图绘到底,不但满足人民群众对良好生态环境的期待,而且要为子孙后代留下天蓝、地绿、水净的美好家园。要相信群众心中有一杆秤,这杆秤最准确最公平,群众的好口碑会使你留芳历史。

3. 不唯 GDP 论英雄

改革开放三十几年,以经济建设为中心的理念深入人心,我国在经济社会发展中取得了有目共睹的显著成绩。但是以经济建设为中心又被逐渐演变成以 GDP 增长为中心,成为唯 GDP 论英雄,以致酿成许多生态环境问题,其中许多是得不偿失的。以云南昆明的滇池为例,三十几年来滇池上游兴办企业造成的污染使滇池曾经成为一潭臭水;后来治理滇池所花费的资金已大大超过这些企业三十几年来 GDP 的总和。但是据专家测算，滇池要恢复到原来的面貌，还需要 50 年的再治理和自然恢复。因此，生态文明建设需要打破唯 GDP 论英雄的政绩观，将生态环境放在经济社会发展评价体系的突出位置。

第二节　坚持绿色发展思想

在《2002 年中国人类发展报告：绿色发展，必选之路》中，联合国开发计划署指出中国应该选择一条适合永续发展的道路，即在建设过程中不能"先污染、后治理"，而要寻求经济和生态的平衡，走绿色发展道路。

一、绿色发展的内涵

绿色发展是指资源节约型、环境友好型的以人为本的可持续发展，强调经济发展、社会进步和生态建设的统一与协调。绿色发展要求既改善能源资源的利用方式，又保护和恢复自然生态系统与生态过程，实现人与自然的和谐共处。

二、中国选择绿色发展道路的必要性

（一）能源资源问题呼唤绿色发展

1. 以煤为主的能源结构短期内将难以改变

"富煤、少气、缺油"的资源条件，决定了中国能源结构以煤为主；低碳能源资源的选择有限，决定了发展低碳经济的进程将是曲折和艰难的。目前，我国能源消费中煤炭消费占 70%，远远超过石油、天然气等相对洁净的能源，煤炭与天然气、石油相比，其

温室气体排放的强度和控制的难度都要大得多。

2. 能源资源分布广泛但不均衡

中国煤炭资源主要分布在华北、西北地区,水利资源主要分布在西南地区,石油、天然气资源主要分布在东、中、西部地区和海域。大规模、长距离的北煤南运、北油南运、西气东输、西电东送,是中国能源流向的显著特征和能源运输的基本格局。

3. 能源资源开发难度较大

中国煤炭资源地质开采条件较差,大部分储量需要井工开采,极少量可供露天开采。石油、天然气资源地质条件复杂,埋藏深,勘探开发技术要求较高。未开发的水利资源多集中在西南部的高山深谷,远离负荷中心,开发难度较大,成本较高。

(二)环境污染呼唤绿色发展

1. 环境污染物不断增多

环境污染物指人们在生产、生活过程中排入大气、水、土壤中并引起环境污染或导致环境破坏的物质。环境污染物主要来自生产性污染物("三废"、农药、化学品等)、生活性污染物(污水、粪便、废弃物等)和放射性污染物。环境污染物会对机体产生严重危害,影响人类的生存和发展。

2. 生态环境整体功能下降

森林质量不高,草地退化,土地沙化速度加快,水土流失严重,水生态环境仍在恶化;有害外来物种入侵,生物多样性锐减,遗传资源丧失,生物资源破坏形势不容乐观;生态安全受到威胁。同时,急速的工业化伴随的大规模自然资源消耗,也带来严重的环境污染,最为严重的是农村工业污染、城市水污染和大气污染。

三、中国推进绿色发展的路径

（一）积极倡导以环保为基础的绿色发展理念

大力普及生态知识、增强环保意识、树立绿色理念、弘扬生态文明。积极树立符合自然生态原则的价值需求、价值规范和价值目标，将绿色化、生态化渗入社会结构中，在社会政策制定、决策实施上，以协调人类与自然之间的关系为基准，以期维护人类活动对自然的最小损害并能够进行生态修复和生态建设。

（二）以节能减排为核心

当前我国的经济结构、社会发展、能源结构等因素决定了节能减排是实现绿色发展、转变发展方式的核心。要坚持开发与节约并举、节约优先的方针，促进实现经济增长方式的根本性转变，以提高能源资源利用效率为核心，以资源综合利用和发展循环经济为重点，把节约能源资源工作贯穿于生产、流通、消费各个环节和经济社会发展各个领域，加快形成节约型生产方式和消费方式，提高全社会能源资源利用水平。

（三）绿色发展亟须技术支撑

1. 增强自主创新能力，研发低碳技术、开发低碳产品

重点着眼于中长期战略技术的储备，整合市场现有的低碳技术，加以迅速推广和应用；理顺企业风险投融资体制，鼓励企业开发低碳等先进技术。

2. 发展清洁能源

清洁能源是指不排放污染物的能源，包括核能和可再生能源，可再生能源是指原材料可以再生的能源，如水力发电、风力发

电、太阳能、生物能（沼气）、潮汐能等，可再生能源不存在能源耗竭的可能，因此要高度重视并积极进行开发研究。

3. 加强国际技术合作

中国秉承"合作互利共赢、保护知识产权、先进技术共享、集成优势资源、开展技术创新"的原则，积极推动可再生能源与新能源国际科技合作的深入开展。目前在可再生能源和新能源方面，中国与国际上十几个国家建立了研发、技术转让和示范等各种形式的合作关系，如与美国、德国、意大利、法国等国家在太阳能、氢能和燃料电池等方面的合作。

第三节 推动低碳经济发展

全球范围内大量碳的排放使得"温室效应"日趋严重，国内外学者对此提出了"低碳经济"的概念。为了更加适合中国国情和促进生态文明的发展，我国提出了"低碳发展"的生态发展模式。

一、低碳发展的概念

英国能源白皮书《我们能源的未来：创建低碳经济》对低碳经济下了明确的定义，即力求以最少的自然资源和最低限度的环境污染创造出最大的经济产出。其后的巴厘路线图、哥本哈根世界气候大会等活动中，低碳经济的概念不断被强调和肯定。我国一些学者也对这一概念提出了肯定，冯之浚指出：低碳经济是低碳发展、低碳产业、低碳技术、低碳生活等一类经济形态的总称，其最基本的特征就是低能耗、低排放和低污染。

由于我国正处在现代化初级阶段，城市化、工业化飞速发展，要想达成绝对意义上的低碳经济还较为困难。此外，在生态文明建设进程下，低碳固然是基础，但是还需要做到节能减排、建立循环经济体系等。假使一味地跟随西方发达国家的脚步倡导低碳经济，其结果可能事与愿违，从而陷入承担过重的减排责任的陷阱，不利于我国的发展。因此，立足于中国国情，我国提出了"低碳发展"的概念。低碳发展就是以可持续发展为指导理念，以技术创新、制度创新、新能源开发等为根本方法，以减少温室气体排放、降低煤炭石油等能耗为基本目标，最终实现经济社会发展与生态环境保护双赢的一种经济发展形态或模式。

二、低碳发展的基本框架

（一）能源低碳化

能源低碳化就是以清洁能源（核电、天然气等）以及可再生能源（风能、太阳能等）代替传统的高碳能源（煤炭、石油等），以降低能耗、减少污染、减轻对环境和气候的影响。清洁能源具有高效、无污染、安全、洁净等优势；可再生能源可永续利用，能够实现低碳排放甚至是零排放。对清洁能源和可再生能源进行大力开发和利用是节约资源、保护环境、应对气候变化、建设生态文明的重要措施。我国可再生能源资源丰富，因此完全有条件和潜力实现低碳发展。相关部门以及人员要集中力量开发、利用新能源，对我国的能源结构进行优化，推进能源低碳化。

（二）技术节能化

技术是第一生产力，低碳发展同样离不开技术创新。以钢铁行业为例，近年来高效连铸技术、喷煤技术、直接轧制技术等的运用大大提高了能源的利用效率，同时技术的改进也降低了能源消耗和环境污染物质的排放。有色工业行业通过产业技术创新，一些主要技术经济指标更是接近和达到了世界先进水平。与国人生活息息相关的汽车行业也不甘落后，电动汽车、混合动力汽车等相继研制成功并投入使用，节油效果显著，汽车行业正逐渐从高污染、高能耗向绿色环保转型。加强节能减排,必须加快各行各业关键技术的开发推广,实现工业设备的更新换代和技术创新。

(三)交通低碳化

随着经济的发展和人们生活水平的提高,各类交通工具应有尽有,其在为人们的生活提供便利的同时也增大了交通领域的能源消费,对气候和环境造成了一定的影响。因此,实现交通低碳化是必然趋势。积极发展新能源汽车和电气轨道交通是实现交通低碳化的重要举措,前者包括电动汽车、氢能和燃料电池汽车、天然气汽车等,后者包括电气化铁道、有轨电车等。

(四)建筑低碳化

据相关部门调查可知,全球建筑行业的二氧化碳排放量占二氧化碳排放总量的1/3。作为当今世界的第一建设大国,中国任重而道远。目前相关设计师正致力于以太阳能建筑和节能建筑推进建筑低碳化的进程。太阳能建筑的主要原理就是利用太阳能来满足用户采暖、照明、通风等的需求,其中绿色设计理念尤为重要,将太阳能看作建筑体系的一部分,实现太阳能外露部件与建筑立面的有机结合。建筑节能就是在整个建筑环节中充分使用可再生资源和新型建筑保温材料、合理设计通风和采光系统、选用高效节能的取暖和制冷设备等,以实现节能化、低碳化。

(五)农业低碳化

我国是历史悠久的农业大国,农业在我国的经济发展中具有基础性的地位,实现农业低碳化是新时期发展农业的必然要求和重要趋势。农业低碳化主要表现为植树造林、有机农业、节水农业等。植树造林能够有效吸碳排污、优化环境,有机农业能够充分保障食品安全、增强生态环境保护,节水农业则能够提高水资源利用率和保证生产效益,农业低碳化已经成为新型农业的发展方向。

（六）工业低碳化

工业低碳化是低碳发展体系中的重要一环，其主要涉及三个方面：节能工业、绿色制造及循环经济。节能工业包括工业结构、技术和管理节能，能够提高能源利用效率、减少污染物质排放；绿色制造就是在对环境影响和资源效益加以充分考虑的基础上，从产品设计、制造、包装到使用、报废处理，整个过程实现资源利用最大化和环境影响最小化；循环经济是工业低碳化发展的应有之义，主要包括三个层面：一是生产过程中物质和能量实现循环、多级使用，二是进行"废料"的再利用，三是使产品与服务非物质化，从而降低能耗，保护环境。

（七）服务低碳化

服务低碳化即为人们提供节约资源和能源，无污、无害、无毒，有利于生态环境保护和人类健康的服务。服务低碳化要求企业树立可持续发展观念，从服务设计、耗材、营销等环节着手节约资源和能源，力求达到企业效益和环境保护的有机统一。以物流行业为例，服务低碳化就是要实现物流业与低碳经济的互动支持，智能物流有效实现了这一目标。其通过服务信息化，既提高了物流行业的效率，又降低了服务过程中有形资源的使用，十分便捷和有益。

（八）消费低碳化

低碳化同时也是一种新型的消费模式，在消费领域主要表现为绿色消费、绿色包装、回收再利用。绿色消费就是可持续消费，以适度、节制、避免环境破坏、崇尚自然等为特征；绿色包装就是在包装产品时使用可循环利用、循环再生、自行降解的材料，减少资源的浪费和降低对环境的破坏；回收再利用就是修旧利废，对一些可回收利用的物品进行再生利用。

三、中国特色低碳发展道路

(一)近年来中国推进低碳发展的探索

1. 确定基本战略思想和目标

2009 年年底,为了应对全球变暖的气候现象以及体现负责任大国的担当,中国宣布了我国推进低碳化发展的中期目标,即到2020 年,GDP 的二氧化碳排放强度下降 40%~45%。2010 年,时任中华人民共和国总理的温家宝同志在《政府工作报告》中明确提出要努力建设以低碳排放为特征的产业体系和消费方式,阐明了可持续发展框架下减缓碳排放的战略思想。

2. 探索城市低碳发展

城市是碳排放的主要区域,要想实现低碳发展,就要重点对城市的低碳化进行探索。作为国际化大都市,上海利用举行世博会的契机,成为第一批次在国内探索低碳发展的城市,并且形成了具体的发展思路:(1)倡导技术创新,加强产业结构深化改革;(2)挖掘和使用清洁能源,提高能源使用率;(3)推进碳技术的研发和应用;(4)建立低碳城市实验区,包括低碳社区、园区、校区等。上海的低碳城市建设效果显著,在改善自身生态环境的同时更为其他城市提供了经验借鉴。

3. 启动低碳发展试点

2010 年,由国家发展和改革委员会牵头,低碳发展试点工程正式启动,5 省(广东、辽宁、湖北、陕西、云南)、8 市(天津、重庆、深圳、厦门、杭州、南昌、贵阳、保定)作为试点地区参与到本次工作之中。2011 年 3 月,5 省 8 市更被要求将低碳发展纳入该地区的"十二五"规划中,以确保低碳试点工作得到落实和取得成效。

这些地区为了实现应对气候变化与节能环保、生态建设等的协同发展，积极探索相关机制和激励政策，投入大量资金用于低碳技术的引进与研发，成为我国低碳发展的开拓者和先行者。

4. 推进传统产业的低碳发展

钢铁、水泥、建筑等是我国的传统产业，它们既在国民经济中占有重要地位，又是能耗和排放的主要企业。近年来，为了实现节能减排，国家花费大量人力、物力、财力进行节能技术的研发和推广，使得传统产业能源单位的消耗持续下降，同时还形成了节能减排工作统计、监督和考核机制，缩小了我国能源转换和利用效率与发达国家之间的差距。

5. 大力发展低碳能源

核能、太阳能等新能源的使用不仅可以满足企业对能源的需求，更能够减少二氧化碳的排放，防止环境污染情况进一步恶化。随着科学技术的发展和国际间的交流日益密切，我国清洁能源和可再生能源的比重持续增高。为了扶持和鼓励新能源的发展，国家以法律形式为其营造了良好的政策环境并且提供经济上的补贴。此外，国家着力发展新兴产业，如信息技术、新能源汽车等，旨在从高端领域推进低碳发展。

(二)进一步探索中国特色低碳发展道路

发达国家的低碳发展是以全面完成工业化和城市化为基础的。目前中国正处于并长期处于社会主义初级阶段，此时工业化和城市化还在加速推进，因此我国的低碳发展并不同于西方发达国家的低碳发展，具有特殊性和独创性。

虽然在过去几年的实践中我国已经掌握了一些低碳发展的技术和方法，但是中国要实现真正的低碳发展还有很长的路要走、很多的坎儿要过。立足于当前我国的生态环境和低碳发展的实情，中国特色低碳发展应该继续深化以下几个方面的探索。

1. 科学制定国家低碳发展战略

(1)要在可持续发展的框架下,把"低碳化"作为国家社会经济发展的战略目标之一,并把相关目标整合到各项规划和政策中去;(2)要权衡经济发展与气候保护的近期和远期目标,处理好利用战略机遇以实现重工业化阶段的跨越与低碳转型的关系,同时充分考虑碳减排、安全、环境保护的协同效应,有效降低减排成本;(3)要加强部门、地区间的合作,吸引各利益相关方的广泛参与,发挥社会各方面的积极性,特别是通过新的国际合作模式和体制创新,共同促进生产模式、消费模式和全球资源资产配置方式的转变;(4)要积极参与国际气候体制谈判和低碳规则的制定,为我国的工业化进程争取更大的发展空间。

2. 以科技创新为抓手推进技术性节能减排

当前,关键要依托现有最佳实用技术,淘汰落后技术,推动产业升级,在一些重点领域率先实现技术进步与效率改善。加大研究开发力度,提升技术创新能力。在碳捕获和碳封存技术、替代技术、减量化技术、再利用技术、资源化技术、能源利用技术、生物技术、新材料技术、绿色消费技术、生态恢复技术等方面,通过理论、原理、方法、评价指标等创新,寻求技术突破,以更大限度地提高资源生产率和能源利用率。在应用层面,研发和推广洁净煤技术,可再生能源与非化石能源技术,热电联产、热电冷联产、热电煤气多联供中的关键技术,小型分散式能源系统技术,大型锅炉启动节油技术,运行参数优化设计与调整控制技术,热能、电能的储存技术,电力电子节能技术,建筑、交通节能技术,车用醇类混合燃料燃烧与控制技术,车用生物油制备与混合燃料技术等。着力抓好节约和替代石油、燃煤锅炉改造、热电联产、电机节能、余热利用、能量系统优化、建筑节能、绿色照明、政府机构节能以及节能监测和服务体系建设等十项重点节能工程,开展重点行业与重要区域节能减排共性技术和关键技术的科技专项攻关、重大技术装备产业化示范项目和循环经济高新技术产业化的科技专项攻关，突破当前节能减排的重大技术瓶颈。

　　3. 优化能源结构，大力发展低碳能源

　　(1)在妥善处理好水电开发与环境保护、生物资源养护及移民安置工作的前提下，因地制宜开发水电资源。(2)逐步提高核电占一次能源供应比重，加快沿海地区核电建设，稳步推进中部缺煤省份核电建设，推进现代核电工业体系建设。(3)加快风电发展，逐步建立国内较为完备的风电产业体系。(4)推进生物质能发展，加快推进秸秆肥料化、饲料化等综合利用。(5)积极推进太阳能发电和热利用，如建设小型光伏电站、推广太阳能一体化建筑、使用太阳能热水器等。(6)积极推进地热能和浅层浇温能开发利用，推广满足环境和水资源保护要求的地热供暖、供热水和地源热泵技术。

第六章 加强环境保护,推进环境保护与经济发展的协调整合

随着我国经济的快速发展,与经济发展密不可分的环境问题也越来越多地成为人们关注的话题。如今,我国环境污染仍然很严重,环境质量依然在恶化着,生物群依然在破坏着,从而给人们的身体健康以及我国的经济发展带来了很大的影响。所以,只有环境保护和经济协调同步发展,我国才能在各国中越来越有竞争力。人类社会用各种物质资料进行生产和再生产,制造成人们有所需求的生产以及生活资料,归根结底这些物质资源是来源于自然环境中。如果我们放任于不择手段地向大自然进行各种索取,而不给予奉献,总有一天这些自然资源会面临短缺乃至枯竭,经济发展更是成了空中楼阁。所以,我们只有有效地保护我们赖以生存的自然环境,我国的经济才能实现持续稳定发展。这也就为什么我们要加强环境保护的重要原因所在。

第一节 建设秀美山川

要实现我国经济健康、持续地发展,必须毫不动摇地加强环境保护,把环境保护纳入人们的认知体系里。1997 年 8 月,江泽民发布了重要号召,提出了"再造一个山川秀美的西北地区"的宏大号召。从中我们可以看到党在生态保护到保护生态环境这样一个理论和实践方面的提升。其实加强生态环境保护的最终目的,就是为了实现人与自然更加和谐地共处,以此推动经济的发展,从而能够使人们在更加和谐、美丽、广阔的生态环境中工作和

生活。

一、保护环境的实质就是保护生产力

什么是生产力?在传统的书籍里面,人们常常这样给生产力下定义:生产力就是人类改造自然、征服自然的能力。从这个定义中我们能够充分地看出来,人类对于自然持有一种粗暴的改造、征服态度。于是,当人类日益受这种观念的影响,人类对于自然也就会过分地持有改造、征服这样的目标。看生产力发展水平怎么样,一个重要的衡量标准就是人类对于自然的改造、征服程度怎么样。所以,在大自然的鬼斧神工面前,人类可以随心所欲地利用自然与支配自然。与此同时,人们也这样认为,自然可以提供源源不断的资源,人们可以任意妄为地进行索取。于是,人们开始不顾自然的承载能力,不择手段地进行着对于大自然的开发,这种竭泽而渔的生产和消费方式,使得人与自然的和谐共处毁于一旦,给自然界造成了深度浪费以及破坏,导致一系列诸如环境污染、资源枯竭、荒漠化、生态失衡等其他生态危机。人类在为自己改造、征服自然所取得的成绩兴高采烈时,终于苦涩地在品尝自己酿造的苦果。

越来越严重的环境危机,给了人们当头一棒。人们从一系列日益严重的环境危机带来的种种危害中意识到:人类在发挥主观能动性改造、征服自然时,必须严格遵循大自然规律,必须在大自然能承载范围之内进行利用自然。环境是人类赖以生存和发展的基本条件,生态危机也相应地成了经济社会发展、人类生存的重大阻碍。假如这样严重的生态危机一直延续,人们不做出任何改变,那么人类最终会失去人类赖以生存和发展的基本条件,经济社会的协调发展也就难以为继。经过深刻的反思,国际社会也终于在关于走可持续发展之路方面,达成共识。各个国家已经开始意识到环境保护是多么的重要,也纷纷开始实施环境保护措施。

基于这样的历史背景之下,江泽民发出了"保护环境的实质就是保护生产力"的这一十分重要的论断。当然,这一论断的提出,不仅仅是因为国家因素的影响,也有着更为现实的因素。当时,刚刚完成"八五"计划。在"八五"计划期间,我国在环境保护方面已经取得很大成绩。各个地区、各个部门都在大力推行产业结构和产品结构的调整,并且有效地利用一大批先进技术,顺利地把一大批能耗高、污染严重的工业生产设备淘汰出局。每万元国内生产总值的能耗,由 5.3 吨标准煤下降到 3.9 吨标准煤,年节能率为 5.8%。全国县以上工业企业废水处理率从 32% 提高到 76%,消烟除尘率从 74% 提高到 88%。由于长期坚持开展植树造林和水土保持,全国森林覆盖率已经由 1980 年的 12% 上升到 1996 年的 13.92%。全国 84% 的平原县实现了绿化,农业生态环境取得了一定的改善。[①] 所以,我国在经济快速发展的同时,也有力地避免了生态环境恶化的情况,这样的成果让人欣慰。但是好景不长,"九五"期间的生态环境破坏的现象却很严重,究其原因是当时我国在大力推进工业化和城市化的进程,大力地开发、利用自然资源,而且当时我国也受到经济增长方式、技术水平十分传统、落后的影响,进而导致各种污染排放量急剧增加。总体看来,以城市为中心的生态环境污染每天都在恶化,并且逐渐开始向农村渗透,所以生态环境污染如滚雪球般越滚越大。某些地方生态环境污染和破坏已经严重地影响到经济的健康发展,甚至已经深深地给人民大众的健康带来了直接威胁。我国要想实现健康、有序、持续的发展,就必须坚定不移地解决历史上遗留下来的各种生态环境破坏、污染问题,也要防止环境进一步恶化。所以环境保护的任务十分艰巨。

　　所以,当时的形势是既需要实现我国经济的发展,又需要加大环境保护力度。但是,一些人却错误地认为,经济发展优于环境保护,所以忽视环保工作,放开手来进行经济发展,任由环境问

---

　　① 李鹏.李鹏论可持续发展[M].北京:中国电力出版社;中央文献出版社,2010,第 300－301 页.

题恶化。在这样的背景之下,江泽民明确指出来,"这种认识是不对的、有害的。世界发展中一个严重的教训,就是许多经济发达的国家走了一条严重浪费资源、先污染后治理的路子,结果造成了对世界资源和生态环境的严重损害。我们决不能走这样的路子。"①如果我们只顾放手开来进行经济发展,而不注重环境保护,等到生态环境出现危机了才去进行治理,那么将会付出更大的代价,得不偿失。

基于西方国家发展的前车之鉴,以及我国经济发展和环境保护的现状,江泽民明确地提出了"保护环境的实质就是保护生产力"这一重要论断。这一论断表明,人们改造、征服自然的路子已经走不通,说明党对生产力的理解层次上有了一个新的高度,甚至也可以这样说,这种生产力观与所倡导的可持续发展要求相符合。根据这种生产力观,我们要重视生态环境、资源等其他生产力的要素,人类对大自然给予保护、维护生态平衡这样的能力也是生产力。在后来举行的十六大上,江泽民提出了重要的"提高可持续发展能力",构成了新的生产力观的一个极其重要的内容以及标志。

2001年2月27日,江泽民在进行海南考察工作时,明确地指出:"破坏资源环境就是破坏生产力,保护资源环境就是保护生产力,改善资源环境就是发展生产力。"②从这一论断中,我们可以看出江泽民更进一步将生态资源纳入了生产力的范畴,并且以此说明了破坏、保护以及改善资源环境都是在给生产力施加影响,也强而有力地指明了进行保护和发展生产力的方法。这也就把"保护环境的实质就是保护生产力"这一重要思想进一步给予丰富和发展,也充分地表明了党在生态文明的认知层面上,又上升到一个新的高度。

---

① 江泽民.江泽民文选[C].北京:人民出版社,2006,第533页.
② 江泽民.江泽民论有中国特色社会主义[C].北京:中央文献出版社,2002,第282页.

二、污染防治思路"三个转变"的提出及实践

解决生态问题的一个有效方法就是进行污染防治。频频暴发的环境污染也在给人们敲响警钟：污染防治刻不容缓。党的第三代中央领导集体有效地提出了有关污染防治思路的"三个转变"，有力地促进了污染防治工作的进行。

（一）污染防治思路的"三个转变"

工业生产构成了环境污染的主要来源，我国在进行环境保护时，必须在工业污染防治工作方面做出足够的努力。有效的工业污染防治措施不仅可以极大地改善人们的生产环境和生活环境，也可以有力地推动我国经济朝着持续快速健康的方向发展。1993年10月22日至25日，第二次全国工业污染防治工作会议在上海顺利召开。会议上，有效地总结了在过去的十年时间里，我国在工业污染防治工作方面所取得的成绩、经验，以及在开展工作所面临的一些问题，并且有力地分析了目前情况下工业污染所面临的一些形势。会议这样认为：目前，我国进行工业生产时，使用的仍然是传统的、落后的、粗放型的生产经营方式，在工业污染防治方面做得远远不够。必须牢牢地抓住机遇，勇于进行各种挑战，把工业污染防治工作做大做强，并想方设法去改善生产和生活环境，以此来推动环境保护和经济发展的协调整合。会议提出：我国在工业污染防治要在指导思想上实现"三个转变"，即：从侧重于污染的末端治理逐步转变为工业生产全过程控制；由重浓度控制转变为浓度控制与总量双轨控制；由重分散的点源治理转变为集中控制和分散治理相结合。①

这"三个转变"的提出，显示出我国在进行环境保护、污染防治时的思路已经迈向了战略性、方向性、历史性的方向。第一个

---

① 郝青俊. 我国工业污染防治指导思想的三个转变[J]. 青海环境，1994（1）：48.

改变是：从侧重于污染的末端治理逐步转变为工业生产全过程控制。由于纯粹的末端治理会只看重环境因素，却不看重经济效益，所以常常被企业视为不能承受之重担而处于被动状态。所以，企业必须把焦点汇集在全过程控制污染上来，通过减少能源消耗、减少污染物排放量，从而取得事半功倍的效果。

在污染物排放控制上，由重浓度控制转变为浓度控制与总量双轨控制。由于之前我国凭借污染物浓度排放标准来严格控制污染。结果是虽然在进行污染防治环节时，浓度控制确实产生了一定的效果，但是却发现污染物排放总量依然在增加，不见下降，不能强力有效地改进区域环境质量。所以，我国必须毫不动摇地通过浓度控制与总量双轨控制方法，使得污染物排放总量越来越少，进而使得区域和流域的环境质量都得到很大改善。

在污染治理方式上，由重分散的点源治理转变为集中控制和分散治理相结合。所谓点源治理指的是采取单一分散污染源为重点控制对象进行的一种污染防治模式。在 20 世纪七八十年代，中国大力推行"谁污染谁治理"这一环境保护政策以及采取"三同时"等环境管理制度，重点在于点源控制。虽然点源控制对于难降解以及不适合集中在一起处理的污染物来说，确实发挥了一些作用，但是却无法发挥出规模效益来，针对诸如区域性、行业性方面的污染问题也很难成功解决。同时，也很难体现出企业与企业之间以及企业与社会之间在进行防治污染工作方面的实际综合能力，但是集中控制和分散治理结合在一起，有利于企业使用新型的技术设备，有效地进行社会化组织以及企业化管理，也能够充分地发挥出企业在进行环境污染防治所需资金的规模效益。

这"三个转变"的提出虽然主要是针对环境污染防治工作的，但是它确实也有效地包含、反映出污染防治工作的普遍性规律。所以，它一经被提出，就大规模地在行业、各地区以及各部门得以推广和应用，为中国进行环境保护工作以及解决环境污染防治工作作出了不小的贡献。

（二）环境保护工作进入全面推进、重点突破的新阶段

在"三个转变"的有力推动之下，我国进行污染防治工作时，由重点带动开始进入到全面推进、重点突破这一新阶段。

在进行城市环境保护时，历年来我国都把城市环境视为环保工作的一个重要衡量因素。从 1989 年以来，全国如火如荼地开展环境综合整治定量考核制度，其中定量考核因素里，根据一系列诸如量化的城市环境质量、环境污染防治、城市环境基础设施建设以及环境管理指标体系，来综合衡量城市环境在进行污染防治工作时的成效。由于在进行城市发展时，不可避免地要出现城市环境这个矛盾点，所以，在编制城市总体规划时，将一些诸如保护、改进城市生态环境，预防治理污染以及其他环境保护内容列入城市总体规划中来。与此同时，应该大力加强环境污染防治工作，进一步改善工厂和居民混杂状况，从而更加有效地从生产和生活两个方面有力地做好环境污染防范工作。自从 1997 年，国家大力开展一系列创立建设国家环境保护模范城市活动以来，我国在城市环境防治方面取得很大进步。

在加大力度进行环境污染防治工作和整顿治理城市环境时，国家也着手进行农村环境污染防治，从而极大地改善了农村环境质量。

总而言之，在"三个转变"的正确指导下，我国在进行环境保护方面取得很大进步。种种实践表明，"三个转变"是具有中国特色的，符合中国的国情，利于中国的实际发展，且能够适应社会主义市场经济的各种要求，在我国环境保护史上有着浓墨重彩的一笔。

三、建设秀美山川的整体规划及部署

生态环境保护和建设是一项功在当代、利在千秋的伟大事业，事关中华民族生存和持续发展。党的第三代中央领导集体针

对生态环境保护和建设,提出了在进行生态保护的同时,要进行污染防治工作,有力地推动了我国加快生态保护的步伐,有效地促进了我国生态文明建设。

我国还是一个发展中国家,拥有一个良好、和谐的生态环境,是中国越来越有竞争力的重要保证。特别是我国是一个人口大国,众多重要自然资源的人均值要远远落后于世界人均水平,如果我们不在生态保护方面做出足够努力,本来就脆弱的不堪一击的资源基础就会遭受到生态破坏的不断侵害,中国就不可能真正地实现健康、有序、持续的发展。自从改革开放以来,我国先后进行了一系列努力,比如在"三北"、长江中上游、沿海地区和其他地区种上了防护林,有效地涵养水源与保持水土,同时在黄河、长江等七大流域进行了有关水土流失综合治理工作,大力进行荒漠化治理,在草原和生态农业建设方面也做出很大努力,使得我国取得颇有成效的生态环境建设。但是由于众多复杂的因素影响,我国自然生态环境仍然十分脆弱,生态环境依然在恶化着。所以,加大生态环境保护和建设成为中国在进行社会主义现代化建设中的当务之急。

1997 年 8 月 5 日,江泽民在《关于陕北地区治理水土流失,建设生态农业的调查报告》上给出重要批示,针对陕北地区进行治理水土流失以及改善生态环境的工作做法和经验给予了很大的肯定,并深刻有力地分析了西北地区水土流失、荒漠化以及由此引发中国经济文化落后的原因。江泽民有力地指出"历史遗留下来的这种恶劣的生态环境,要靠我们发挥社会主义制度的优越性,发扬艰苦创业的精神,齐心协力地大抓植树造林,绿化荒漠,建设生态农业去加以根本的改观。经过一代一代人长期地、持续地奋斗,再造一个山川秀美的西北地区,应该是可以实现的。"①

"再造一个山川秀美的西北地区"是以江泽民为核心的第三代中央领导人为更好地迈向 21 世纪,所做出的有着重大意义的

---

① 江泽民. 江泽民文选[C]. 北京:人民出版社,2006,第 659—660 页.

战略部署,在新的历史时期,指导全国人民有效地改善生态环境,为我国在生态环境保护和建设方面指明了正确的方向。从此以后,我国在进行生态环境保护和建设上,迈出了有力的一步。

第二节 走新型工业化道路

20世纪80年代以后,尤其是进入90年代以后,以信息科学技术为代表的新科技革命开始如火如荼地进行,给人类的社会和生活带来了深远的影响。人们常常把这一变化过程以及最后的结果称为信息化。江泽民以敏锐独特的眼光关注着这一新科技革命的发展动态,指导我国该怎样牢牢抓住信息化机遇,充分发挥信息化会带来更多改变的作用,怎样实现在中国进行社会主义现代化建设中,经济社会协调发展以及可持续发展的这些问题。走新型工业化道路,就是在进行这一探索中,形成的重要成果。

一、以信息化带动工业化,以工业化促进信息化

地球的物质资源并不是取之不尽用之不竭的,而是有限的。人类想要实现可持续发展这一宏伟目标,就必须在进行资源开发和利用时,找到新的方法。随着信息化时代大张旗鼓地到来,信息资源已经变得和物质资源一样重要,而且其重要程度会越来越大。因为信息技术可以有力地推动中国可持续发展进程。如今,信息技术产业以及它的应用发展,是实现人与自然和谐共处必不可少的重要条件。我们要把人与自然的和谐共处、有效地利用信息技术纳入到自己的认知系统中。

信息技术产业一经发展,便不可阻挡,那么,采取哪些办法可以有力地推动我国的工业化进程?仁者见仁,智者见智。有人这样认为,我国应该竭尽全力推动信息化进程,工业化可以暂时搁置在一边,有人则这样认为,我国当务之急,是在重点发展传统工

业的同时,继续推进工业化步伐,等有了一定基础之后,再放手发展信息技术。中国在信息化面前该如何前进,成了党所面临的一个重大问题。2000 年,党中央、国务院讨论后,制定出了针对国民经济和社会发展的第十个五年计划,该计划里面一个十分重要的内容就是研究和制定我国的信息化战略。在制定"十五"计划期间,江泽民陆续到各地进行调查、研究,持续 12 次听取相关专题汇报,并针对"十五"计划中所面临的重大问题,给出了许多重要指示。众多问题中,关于我国信息化发展战略的问题则成了江泽民关注的焦点并多次给予阐释的一个十分重要的问题。随着深入地进行调查、研究,江泽民在我国信息化发展战略上,见解已经渐渐成熟。2000 年 8 月,第十六届世界计算机大会开幕式在北京顺利召开。江泽民在大会上针对我国信息化发展战略给予清晰明确的阐述。他这样说道:"我们的战略是:在完成工业化的过程中注重运用信息技术提高工业化水准,在推进信息化的过程中注重运用信息技术改造传统产业,以信息化带动工业化,发挥后发优势,努力实现技术跨越式发展。"①

2000 年 10 月 11 日,党在十五届五中全会上,刊发了《中共中央关于制定国民经济和社会发展第十个五年计划的建议》这一重要文件,明确了信息化带动工业化是我国信息化发展战略方针,并且给出了在加快国民经济和社会信息化方面的一些重要决策。江泽民在大会上发表的重要讲话《在新世纪把建设有中国特色社会主义事业继续推向前进》中,阐述了为什么要制定这一发展战略:"这次全会提出加快国民经济和社会信息化,就是我们为推进产业优化升级和实现工业化、现代化而采取的重大举措。当今世界的发展趋势表明,信息化对推动经济社会发展具有重大作用,我们必须高度重视并全力推进,以信息化带动工业化,发挥后发优势,争取实现社会生产力的跨越式发展。"②

① 江泽民 . 论中国信息技术产业发展[C]. 北京:中央文献出版社;上海:上海交通大学出版社,2009,第 266 页 .

② 江泽民 . 论科学技术[C]. 北京:中央文献出版社,2001,第 227 页 .

2002 年 11 月,十六大顺利召开,江泽民在十六大报告中进一步有力地提出了"以工业化促进信息化"的战略,并明确有力地表述道:"以信息化带动工业化,以工业化促进信息化"。

制定这样的信息化发展战略是与我国国情分不开的。新中国成立以来,尤其是中国实行改革开放以来,我国建立了众多门类齐全、独立又完整的现代工业体系和国民经济体系,从而在从农业大国迈向工业大国的道路上迈出了坚实的一步。中国的工业化、现代化虽然取得了史无前例的成就,但是如果想要实现中国的工业化与现代化,则仍然有很长的一段艰苦之路要走,所以,总体上来说,我国仍然处于并将长期处于工业化中后期阶段。

处于工业化中后期阶段,信息技术可以成为先进的智能工具,信息资源可以成为重要的战略资源,信息技术创新指明了先进生产力的主要发展方向。中国进行工业化进程中,我们在大力推行信息化建设中,又应该及时把握这一机遇。所以,对于发展中国家的中国而言,在进行现代化建设中,由于我国工业化任务还没有完成,信息化也没有实现,我国在进行工业化的同时,也要进行信息化建设。因为我国的信息化还处在工业化初级阶段,是在大力进行工业化全面发展的过程中才开始起来的,所以,我们坚决不能模仿西方经济发达国家的步伐,先进行工业化,等实现工业化后,再推动信息化的发展,更不能用信息化来代替工业化,必须坚定不移地推动工业化和信息化同时进行。党的第三代中央领导集体深刻地认识到,我国向西方经济发达国家那样在工业化完成之后再推动信息化建设,我们就会失去良好的机遇,永远都不可能赶上、超越西方发达国家。反之,如果我们完全不管不顾工业化,只是把所有的焦点都放在信息化建设上,这显然也不符合中国的基本国情,还可能会导致欲速则不达。所以,以信息化带动工业化,以工业化促进信息化,是我国在进行可持续发展过程中必须要走的路。

二、坚持走新型工业化道路

　　江泽民在十六大报告中给出明确指示："走出一条科技含量高、经济效益好、资源消耗低、环境污染少、人力资源优势得到充分发挥的新型工业化路子。"①这也是党在文献中第一次提到走新型工业化路子这一十分重要的战略思想。中国走新型工业化道路，从广度上和深度上扩展了可持续发展战略的内涵，同时也为实现可持续发展指明了正确的道路。

　　因为我国在人口数量、资源现状、历史条件、信息科学技术发展等众多方面都与西方存在着差别，导致我们不可能完全去复制一条别国已经走过的工业化道路，对于西方经济发达国家在工业化道路上所走的一些弯路，我们要有前车之鉴。我国要在新的历史背景下，继续推动工业化进程，随着信息技术革命如火如荼地发展，使得我国走新型工业化道路很有可能。坚持走新型工业化道路，是在总结、借鉴、吸取世界各个国家工业化经验教训的基础之上，立足于我国基本国情，并且依据信息化时代完成工业化的众多条件、要求之上被有效地提出来的。

　　新型工业化道路与传统工业化道路存在着很多不同点。我们可以将新型工业化道路用五个大字进行有力的概括：高、好、低、少、优。所谓"高"，指的是科技成分要高；所谓"好"指的是经济效益、社会效益要好；所谓"低"，指的是资源消费、损耗要低；所谓"少"，指的是要维持生态平衡，污染排放量要少；所谓"优"，指的是要充分有力地发挥人力资源优势。由此可以看出，新型工业化道路是实现速度与结构、质量、效益统一起来的工业化发展道路。其中，资源消费、损耗要低，污染排放量要少，是新型工业化道路的一个十分重要内涵和特征，从而充分地彰显出走新型工业化道路与实现可持续发展有着密不可分的联系。立足于我国基

---

　　①　江泽民．江泽民文选[C]．北京：人民出版社，2006，第 545 页．

本国情,要想实现可持续发展,必须坚持走新型工业化道路。

所谓工业化,指的是依靠科技进步和创新为动力,有力地将科教兴国战略紧密地联系起来。基于我国的历史国情,我国要想实现工业化,必须坚持与实施科教兴国战略紧密地联系在一起,充分有效地发挥科学技术是第一生产力的重大作用,以此推动我国工业化发展,使得我国科技进步的同时,劳动者素质也普遍得到提高,管理创新也大力地转变。

所谓新兴工业化,指的是以实现可持续发展为目标,与可持续发展战略紧密地联系在一起的工业化。传统、落后的工业化道路,会伴随大量资源、能源的浪费、损耗,给我国生态环境带来了严重的危害。我国是一个人口众多的发展中国家,同时也是发展速度最快的国家之一,但是我国在人均资源占有量方面,远远落后于世界平均水平,总体上来看,我国自然生态条件也较为脆弱,一经破坏需要花费很大努力去恢复。在这样的能源资源条件之下,我国坚决不能重蹈西方国家“先污染、后治理”的覆辙。伴随着改革开放的不断深入,我国在经济快速发展的同时,环境给予的约束也越来越强。所以,坚持走可持续发展道路是走新型工业化道路的基本要求,可以有效地实现生态资源浪费、消耗少,环境污染排放量少。

党的十七大以后,以胡锦涛为总书记的党中央明确地提出了“坚持走中国特色新型工业化道路”,以此推动信息化和工业化紧密融合在一起。从有效地提出新型工业化道路到开始提出中国特色新型工业化道路,从有效地提出以信息化带动工业化战略到推进信息化和工业化紧密融合在一起,充分地反映出党对加强环境保护意识的不断深入,有力地推动了环境保护与经济发展的协调整合。

第三节　优化调整产业结构

所谓产业,指的是根据社会的分工,对于从事、投入到物质产品、精神产品生产行业，或者是提供、给予信息和劳务服务的所有经济活动领域的总称。所谓产业结构，指的是在国民经济中，各个产业部门之间和各个产业内部之间的构成状况。产业结构在国民经济结构中有着非常重要的作用，是国民经济结构的主体和基础。社会生产力日益快速发展，要适应这种发展的趋势，并且严格遵守国家宏观经济调控目标所提出的各个要求，对产业结构进行优化和调整，可以有效地促进经济增长。优化调整产业结构的首要目标就是巩固和加强农业的基础地位；提高和改造第二产业；积极发展第三产业。

一、巩固和加强农业在国民经济中的基础地位

我国在进行全面建设小康社会过程中，面临着许许多多的问题，其中最突出的问题是有关农业、农村、农民问题（简称"三农"问题）。在全面建设小康社会过程中，有很多任务要执行，其中一个重大任务就是建设成一个现代农业、促进农村经济的发展，增加农民的收入。大力推动农业和农村经济全面发展，务必要加速针对农业和农村经济结构，进行有关战略性优化调整，完成农村经济全面升级，一步步建设成与全面建设小康社会过程中所提出的众多要求相适应的新型农业结构，从而可以有效地为农村经济的发展拓展和延伸出新的空间，进一步为农民收入增长开辟新的方法，使得我国农业越来越有竞争力。

优化调整农业和农村经济结构，必须要把眼光聚焦在农业的长远性发展和城市、乡村协调发展，优化调整区域布局，优化调整资源配置，使得各个地区都能发挥出各自的优势，快速形成优势区域和产业带；优化调整农业产品结构，要从总体上提高农产品的安全水平，快速推动完成我国农产品从最初的产量型朝向质量型、专用型以及高附加值型的方向发展。优化调整农村产业结构，要加速推动农产品加工业的形成，能够在很大程度上提高农产品附加值，延长农产品产业链；优化调整农村就业结构，注重指

引、领导农村劳动力朝向二、三产业的方向转移,使得农民就业的范围更大。与此同时,在有关的政策方面,要长期稳固家庭承包经营,有效地促进农村经营体制创新,努力发展农业产业化经营。

有效地促进现代农业建设,必须要努力发展畜牧产业,珍惜爱护天然草场,建立牧草基地。积极有效地发展水产业,要珍惜爱护、合理开发渔业资源。有力地促进农田水利建设,对产量中低水平的田地进行有效改造,优化调整好土地资源。进一步提高农业机械化水平,有力地推动农业标准化进程,建立设备齐全的农业技术推广、农产品市场、农产品质量安全和动植物病虫害防控体系。大力地推动实行节水灌溉,合理科学地使用肥料、农药,有力地推动我国农业的可持续发展。

二、提高和改造第二产业,走新型工业化道路

实现农业化是在全球各国经济发展中无法跨越的阶段,走新型工业化道路是进行全面建设小康社会过程中的重大战略方法。

新型工业化道路,指的是坚持使用信息化带动工业化,以工业化推动信息化,从而走出来一条科技含量高、经济效益好、资源消耗低、环境污染少、人力资源优势能够得到充分体现的新型工业化道路。依据我国工业发展的现况以及发展现代工业的各个要求,优化、调整、升级我国的工业结构,走出一条新型工业化道路,要有效突出以下几个方面。

(一)要以自主创新提升技术水平,努力掌握核心技术和关键技术

有力地加强科技成果转化能力,大力提高产业整体水平。建设成一个以企业为主体、市场为导向、产学研结合在一起的技术创新体系,从而打造成一个自主创新的基本体制架构。

(二)用先进适用技术改造提升传统产业

坚持不断地以信息化带动工业化,充分有效地应用先进适用

技术全面优化、调整、升级制造业，竭力打造成在关键技术和重要产品研制方面取得新突破，从而能够拥有更多具有自主知识产权的著名品牌，有效地发挥出制造业对于经济发展所产生的重要支撑作用。

（三）加强基础产业基础设施建设

基础产业和基础设施主要包含一些能源产业、水利设施、邮电通信、交通运输、原材料工业等其他产业。我国在加强基础产业基础设施建设方面要做到以下几点。

1. 加强能源产业

要大力加强节约和高效利用能源资源，坚持节约能源优先、驻足于国内、以煤为基础、多元化发展，建立一个稳定、经济而又清洁的能源供应体系；要开发大型煤炭基地，优化、调整、改造、升级中小煤矿，开发利用煤层气，支持煤电联营；通过大型高效机组着力优化、升级煤电，在有效保护生态能源基础之上稳定有序地开发利用水电，积极发展核电，有效促进电网建设，拓宽西电东送规模；也需要加快实现油气并举，大力促进国内石油天然气的勘探与开发，稳定发展石油取代产品；大力促进发展风能、太阳能、波浪能、生物质能等其他可再生能源。

2. 加强水利建设

要大力加强江河湖海治理，统筹兼顾上下游、地表地下水调配，积极控制地下水开发，积极有效地实行海水淡化工程，并大力增强对于水资源开发利用的管理，从而有效地提升防洪、防汛以及抗旱能力。

3. 加强交通运输

要做好布局安排合理，实现各种运输方式有效衔接在一起，大力发挥组合效率和整体优势，从而形成一个更加便捷、通畅、高效与安全的综合交通运输体系;要大力推动铁路、城市轨道交通,更进一步去发展、完善公路网络,并积极有效地发展航空、水运和管道运输。

4. 加强原材料工业

要严格遵守能源资源条件和环境容量的要求,大力优化、调整产品结构、企业组织结构以及产业布局,从而有效地提升产品质量和技术含量;在进行矿产开发时,要着重加强对于重要矿产资源的地质勘查工作,扩大资源地质储量,进一步规范开发秩序,对原材料工业给予合理有效的综合利用,并建立一个健全的资源有偿使用制度,有效地推动国际间进行资源开发和利用;针对一些重大基础设施、基础产业建设,要加大力量给予统筹规划、科学论证和信息化指导,从而有效地避免盲目重复建设和资源浪费的情况发生。

三、积极发展第三产业,提高服务业的供给能力和水平

快速推动第三产业的发展,无论是对于我国国民经济的发展,还是对于人民生产、生活水平的提升,都有着非常重要的意义。积极发展第三产业,可以及时有效地为第一、第二产业的发展供应一些诸如交通运输、科技信息、金融机构信贷、产品研发以及人才培养等不可或缺的服务,进而卓有成效地促进我国的工业化和现代化进度;积极发展第三产业,可以大力扩展就业领域、增加就业人数、保证社会秩序安定有序;积极发展第三产业,能够很明显地提升人民生活水平,改善生活水平,大力促进社会主义精神文明建设。

积极发展第三产业要着力抓住以下几个方面:一是要扩充致力于生活消费的服务业,比如房地产业、装潢设计、社区服务、旅游、餐饮、运动、购物、休闲等产业,拓展服务内容;二是发展主要致力于生产的服务业,合理有效地运用现代经营管理方式和服务技术,积极有效地通过引进一些新型业态和技术,推动实行连锁

经营、物流配送、加盟代理制、多式联营等模式，优化、改造、升级传统的流通业、交通运输业和邮政服务产业；三是发展致力于社会的服务业，快速发展诸如信息传输、金融、保险、会计、咨询、法律服务等其他现代服务业，全力提升服务业的整体水平；四是打造成有力地推动服务业快速发展的体制环境。改变思维模式，突破体制限制，打破垄断，拓宽市场准入条件，实行政府、企业分开，企业和事业分开，营利性组织和非营利性组织分开。有力地推动机关、学校、医院以及企事业单位后勤服务部门的社会化进程，一步步改造创制成独立法人企业。

第四节　树立绿色消费观念

绿色消费代表人民的一种权利，它可以卓有成效地保障后代人的生存，也可以保障当代人的安全与健康；绿色消费也代表着人民的一种义务，它时刻提醒着我们：环保是每个消费者义不容辞的责任；绿色消费代表着一种良知，它有力地表达了我们对于地球母亲的感恩、孝爱之心，以及对于苍茫大地、万事万物的博爱情怀；绿色消费更是代表着一种时尚，彰显出消费者的文明与教养，也有效地显示出人们优质的生活质量。总之，绿色消费可以有力地促进人与自然的和谐相处，极大地推动人类社会的可持续发展，以及更进一步提升人类的生活水平与质量。

一、认"环保标志"——选购绿色产品

现如今，已经获得中国绿色标志认证委员会审核并认可的环保产品有低氟类家用制冷机器设备、无氟发用摩丝和定型发胶、无铅汽油、无镉汞铅充电电池、无磷织物洗涤剂、低噪音洗衣机、节能荧光灯等产品。这些环保产品上明确地标有"中国环境标志"这样的标记。这个标记的核心部分是青山、绿水、太阳，也就

是表示人类赖以生存的生态环境,外面围着 10 个相互缠绕的圆环,表示公民大众共同参与保护环境。

图 6-1　中国环境标志

在购买东西的时候,我们一定要注意到"环保标志"。所谓"环保标志",指的是无污染或者低污染、耗能量低、噪音低,生产过程中各个环节符合环保要求的产品。在目前情况下,世界上很多国家已经有了自己独特的环保标志,而很多消费者宁愿多花一些钱去购买符合环保要求的有益产品,而不是专买便宜的东西。据统计,40%的欧洲人已对传统产品不感兴趣,而是倾向于购买环境标志产品;日本 37%的批发商发现他们的顾客只挑选和购买环境标志产品。①

看中"环保标志"产品,你并没有多花很多钱,却有效运用手中的钞票,购买了符合环保要求的对人类有益的产品。

二、用无氟制品——保护臭氧层

臭氧层能够有效地吸收紫外线,进而保护人和动植物不受到伤害。氟利昂中氯原子却严重地破坏了臭氧层,导致紫外线变稀薄。置身于强烈的紫外线照射下,人和动物的免疫功能会大大降低,进而诱发皮肤癌和白内障病情的发生,极大地破坏了地球上的生态环境系统。

---

①　学习啦. 什么是环保标志 环保标志的作用[EB\OL]. http://www. xuexila. com/baikezhishi/1430468. html.

1994 年，人们在南极第一次观测到迄今为止最大规模的臭氧层空洞，面积大约是 2 400 万平方千米。据有关资料表明，位于南极臭氧层边缘的智利南部已经出现了农作物受损和牧场的动物失明的情况。北极上空的臭氧层也正在变薄。[①] 在目前情况下，最先使用 CFC(chlorofluoro carbon)氟氯碳（氟利昂是 CFC 物质中的一种）的 24 个发达国家已经签订了禁止限制使用 CFC 的《蒙特利尔议定书》，并在 1990 年的修订案中将发达国家禁止使用 CFC 的时间确定在 2000 年。1993 年 2 月，中国政府准许《中国消耗臭氧层物质逐步淘汰方案》，并且确定在 2010 年，完全淘汰那些能消耗掉臭氧层的物质。

相信我们都听说过有关女娲补天的故事，我们也许以为这只不过是一个传说罢了。但是，今天的科学家却这样告诉我们，天空的确破了一个大洞口，这就是臭氧层空洞，而我们日常生活中，使用的冰箱、空调等其他用品的氟利昂却是罪魁祸首之一。我们每个人都应该保护好臭氧层，进而保护好我们的地球母亲，做到使用无氟冰箱、不含有氟的摩丝、空气净化剂等无氟制品。

三、选无磷洗衣粉——保护江河湖泊

我国洗衣粉年产量达到几百万吨，其中大部分都包含磷。每年都会有几万吨的磷排放到地表水中，给江河湖海带来了严重的影响。据相关人员调查结果显示，滇池、洱海、玄武湖里含有的总磷量非常高，昆明的生活排放污水中，由于洗衣粉带入的磷含量就已经超过磷负荷总量的 50%。而大量的含磷污水进入水体系统里，会诱发水中藻类疯狂生长，进而水体会发生副营养化，水中含氧量也会大大下降，水中生物则会因为缺乏氧气而死亡。水体也变化成死水、臭水。

---

① 人民网.科技关注:9 月 16 日 国际保护臭氧层日[EB\OL]. http://www. peo-ple. com. cn/GB/keji/1059/2786424. html.

洗涤不仅仅是一个净化的过程,更是一个给予水体污染的过程。因为不同的洗涤产品也会给水体造成不同程度的污染,所以选择哪些洗涤产品也非常关键。虽然我们没有办法拒绝使用洗涤产品,却可以明智地选择那些有利于环保的洗涤产品。虽然,无磷洗衣粉并不会比含磷洗衣服贵出多少,却可以对日益严重的水体富营养化进行有效缓解。在目前情况下,在英国、西班牙和法国的市场上依然会看见低磷洗涤剂的出售,但是在其他各国都只能看见无磷化洗涤剂。如今,日本的洗涤剂已经实现了百分之百无磷化。

四、买环保电池——防止汞镉污染

如今,电池已经成了人们日常生活的一部分,我们平常所使用的电池依靠化学作用,通俗地说,也就是依靠腐蚀作用产生出电能的。其中,腐蚀物中会有含量很高的重金属污染物,比如镉、汞、锰等。当电池被废弃丢在自然界时,这些有毒物质会渐渐从电池中渗透出来,进入土壤里、水源里,然后通过农作物进入人类的食物链中。这些有毒物质会长期累积在人体中,难以消除,严重地影响到人类的神经系统、造血功能、肾脏和骨骼,有的还会诱发癌症。电池可以这么说,生产多少就会废弃多少;集中生产时,会大范围地进行污染;短时使用,长年累月地造成严重污染。

细心地留意一下,我们就会发现我们使用的很多电器都要用到电池。当你在更换电池的时候,要记得选择购买环保电池,以减少废旧电池里的重金属所带来的重度污染。你可以选择购买带有 No Mercury/Cadmium 或者 Mercury&Cadmium Free 这样的标志的不含镉和汞的环保电池。这些不含有镉和汞的环保电池,可以有效地减轻环境危害程度。充电电池可以省去频繁更换电池的麻烦,可以起到很好的环保作用;如果使用太阳能电器就再好不过了。

五、选绿色包装——减少垃圾灾难

有人曾经这样统计过，一个人每年所丢掉的垃圾一般会超过人体平均重量的五六倍。2015 年，全国 246 个大、中城市生活垃圾产生量约为 18 564 万吨，处置率达 97.3%。北京城市生活垃圾产生量最大，为 790.3 万吨，位列其后的是上海、重庆、深圳，均超过 570 万吨。① 每天我们会看到堆积如山的垃圾，我国垃圾量如此之大很大一个原因是过度包装所造成的。很多的商品，尤其是化妆品、保健品的包装费用已经达到了成本的 30%～50%。过度包装不仅意味着要投入一部分钱，进而增加了消费者的经济负担，而且也造成了巨大的浪费，与此同时也带来了很大的垃圾量，从而对我国生态环境造成污染。

也许你热衷于购买包装精美的商品，但是你也许没有料到，那些过度包装的商品不仅会给浪费我们的金钱，而且会造成很大的浪费，既浪费了资源，又浪费了金钱。过度包装会使用一些高档化的包装材料，程序也很繁缛。现如今，很多国家已经开始流行使用无害的绿色包装。国际贸易也在提倡"让贸易披上绿装"。在生产和销售过程中，给予商品过度包装早已落伍，如果我们选择购买过度包装的商品更是一种缺乏理智的行为。所以，我们一定要摒弃"过度包装的商品才是好的"这样的想法，选择去购买减量包装的商品。如果我们已经购买过一些过度包装的用品，可以选择把商品的包装物退回到商店，从而给企业以及销售者发出正确的信号。

六、认绿色食品标志——保障自身健康

截至 2016 年 8 月，全国绿色食品企业达 10 306 家，产品达

---

① cnfla 学习网. 2015 年垃圾产生量北京全国居首［EB\OL］. http://www.cnfla. com/gonggao/192644. html.

24 671 个,^①产品涉及饮料、酒类、水果、乳制品、谷制类、养殖食品类等。其中涉及的一些绿色食品,诸如全麦面包、新鲜可口的五谷杂粮、豆制品、蘑菇等对人体健康很有帮助。

所谓"绿色食品",指的是我国经过专门机构认定的安全、优质又有营养的食品统称。"绿色食品"在国外被称作"自然食品""有机食品""生态食品"等。我国绿色食品标志是由中国绿色食品发展中心在国家工商行政管理局商标局正式注册的质量证明商标。绿色食品标志由三大部分组成,如图6-2所示,分别是:太阳、叶片和蓓蕾,也就标志着绿色食品是经过合格验证的,是在纯净、优良的生态环境之下生产的安全无公害食品。所以,我们在购买食品时,一定要认准绿色食品标志,认真选择购买绿色食品。我们每个人都应该团结在一起,汇集成一股强大力量来推动"绿色食品"产业的发展。

图6-2 绿色食品标志

七、买无公害食品——维护生态环境

随着我国农业科技的快速进步,农药和化肥在农业生产中也发挥出越来越重要的作用。但是,如果使用方法不正确、不恰当,也会给我们的环境带来危害。从事农业生产时,农民会使用农药和化肥,这本来无可厚非,但是很多地方在过量地使用农药和化

---

① 糖酒快讯. 全国绿色食品企业达一万多家[EB\OL]. http://info.tjkx.com/detail/1031982.htm.

肥,从而对农村地表水和浅层地下水带来了严重的影响。所以,我们要大力倡导使用农药和化肥等其他有机肥料,进一步推广生物防治措施,从而有效地保护好我们的生态环境。

在购买果菜时,要购买无农药污染的或者用采用有机肥料培育出来的新鲜的蔬菜、果实,少去购买那些包含防腐剂的各式各样的方便快餐类食品、腌制加工出来的食品,或者添加各类色素、香料的饮料,或者含有添加剂的各式各样的香脆咸味小吃零食。这一明智的选择不仅可以有效地为我们的健康加油,而且也会推动绿色食品行业的快速发展,使得我国生态环境更好美好。

八、少用一次性制品

如今,我国每年塑料废弃量达到 3 000 多万吨,[①]如果我们随意地丢弃塑料袋,将会给生态环境带来非常大的压力。由于塑料制品里有着对环境有害的聚乙烯膜,长久使用会给环境带来致命的危害。塑料制品确实给人们带来了极大方便,但是在方便人类的同时,也带来了长久性的危害。我们常常会将用过的塑料制品散落在城市街道、旅游区域、江河湖海中、公路和铁路两侧,不但造成不雅的"视觉污染",它还会存在着其他危害。由于塑料制品的塑料结构十分稳定,很难被天然微生物菌降解,导致置身于自然环境长期不分离。这些垃圾袋如果不加以回收,对环境造成的污染物会日积月累地存在着,对环境带来致命的危害。其一,废塑料制品会影响农业发展。废塑料制品在土壤里长年累积,会影响到农作物吸收养分和水分,进而导致农作物产量下降。其二,废塑料制品也成为动物生存的间接杀手。如果丢弃在路边、水体中的塑料制品被动物当作食物误吞下去,会导致动物的死亡。由于吃下去的这些塑料制品滞留在胃中难以消化,动物们的胃会被挤满,不能再吃其他东西,导致活活饿死。这样的事情在农村、牧

---

① 环球塑化网. 我国每年塑料废弃量达到 3 000 多万吨再生塑料发展空间巨大 [EB\OL]. http://www.testmart.cn/Home/News/infor_detail/id/1315074.html.

场、水边频频可见。而且塑料制品以石油为原料生产出来的,不仅消耗了大量资源,且不能被分解出来,埋在土壤里会污染土地、河流。当然,塑料制品还有很多的危害,我们要对塑料制品一定摒弃"用了就扔"的方法,采取新的方法。

不使用普通木杆铅笔,使用自动铅笔。因为制造铅笔的过程中,要消耗很多的木材。

为了保护我们的地球母亲,每一个都应该争做绿色选民;手里所持有的每一元钱,实际上都是一张"绿色的选票"。我们消费者的每一个行为都会潜藏着一些重大信息。我们应该将眼光聚焦在环保的商品上,去观察、审视该产品在诸如生产、运输、消费、废弃的各个环节中会不会对环境造成污染。哪些商品符合环保的要求,我们就应该选择购买那些物品,这样该物品会在市场上越来越有影响。如果这种物品不符合环保的要求,我们就不去买它,与此同时,也要劝阻别人不去买它,这样它就会渐渐被淘汰出局,或者被迫转变成符合环保要求的绿色产品。我们每一个消费者都要有目的、有意识地去选择那些对环境有利的物品,长此以往,这些信息就将汇集成一个有用的信号,因而有效地引导生产者和销售者朝可持续发展之路的正确方向走去。

我们可以选择用可重复使用的耐用品。使用可以反复换芯的圆珠笔,而不去用一次性的圆珠笔;出去旅游、游玩时,可以自带水壶、茶杯,减少塑料垃圾的产生;出差时,可以考虑自带牙刷等卫生用具,不去使用旅馆里提供的一次性设备。

第五节　加强绿色科技创新

科学技术是第一生产力,如今,科学技术已经成了经济发展的主要力量。古往今来,人类社会经济和文化的一次又一次重大发展,都是与科学、技术的重大发现和利用分不开的,从而有效地形成了科学技术以及工程技术的发展和应用。科学技术的迅速发展可以有效地体现出先进的生产力，科技进步和创新也成了生产力发展的关系性因素。所以，有力地推动我国的科技创新是我国发展先进生产力时必然要遵循的要求，同时也可以维护、体现广大人民的利益。为了保护好我们的地球母亲，我们必须要加强绿色科技创新，本节主要讲述有关绿色科技创新的内容。

一、绿色科技创新的意义

传统科技创新主要是以追求经济利益、实现最大化利润为主要目的。有什么样的传统的经济发展观，就会有什么样的传统科技创新价值观。在很长一段时间，我们曾经认为纯粹的经济增长是我国社会不断发展的基本目标，经济增长就是经济发展，两者合二为一。实际上，传统科技创新虽然有力地促进了我国的经济快速增长，但是却也面临着一系列自己不能解决的难题，比如生态环境危机、人的"非人化"等问题。随着环境问题越来越严重，传统科技创新也不断涌现出自身的一些局限性。经济效益和社会效益之外的生态效益在科技创新过程当中也受到越来越多的重视。近年来，我国在绿色科技创新方面也取得了不少成绩。

所谓绿色科技，指的是有益于保护生态环境和推动人们身心健康的科学技术。绿色科技意义深远，不仅具有积极有效的外部正效应，而且可以有力地推动社会经济发展，也可以有效地促进人们保护生态环境和人与自然的和谐共处。绿色科技追求生态和经济的综合性效益。但是，我国进行绿色科技创新实践中，也面临诸多的困难。比如，由于有关的法律条规还没有完善，国家和地方政府在促进企业和个人进行绿色科技创新的方法很少，从而使得在有关绿色科技成果的产生和应用方面，做得还远远不够，也缺乏有效的指引。

二、绿色科技创新在生态物质文明建设中的作用

绿色科技的创新发展是一项系统工程，会与社会生产的方方

面面都有关系,从开始的绿色资源的开发利用环节到绿色消费环节,从改进生态环境的科学技术方面的运用再到治理污染技术的开发利用。所以,进行绿色科技创新时,不仅仅要合理有效地开发利用自然资源,而且也要倡导适度消费、绿色消费,倡导保护生态环境的生活方式。

所以,只有有效地进行绿色科技的创新,我国生态物质文明建设以及生态经济才能够持续地发展。我国在进行生态物质文明建设时,要持续有效地使用节能资源,进行科技发展的同时给予生态环境保护,从而有效地推动我国资源节约型、环境友好型进程。科技创新发展不能单纯追求经济的发展,必须要致力和服务于有效地将生态文明建设和生态经济发展协调起来。在以后的生态文明建设中,科技创新将会发挥出主导作用,另外,科技创新在进行开发利用自然资源、实行合理综合利用自然资源、降低资源消耗率、预防和控制生态环境污染、保护和构建生态环境中,都彰显出越来越重要的作用。如今,我国在大力发展经济的同时,也面临着一系列急需解决的关于资源、环境、人口等重大问题,有效地解决这些问题都离不开科学技术的发展和进步。在进行生态文明建设中,我们面临着很多严峻的任务,比如优化调整经济结构、保护生态环境资源、推动地区经济的协调发展。要想顺利地解决这些问题,必须要强而有力地发展中国的科学技术水平,从而为我国经济的发展和社会的不断进步提供卓有成效的动力和保障。21世纪的今天,我国生态科技技术的迅速发展,可以有效地促进我国保护生态环境、资源能源。物质科学的研究重点也转移到极端条件下的物性以及相互作用,从而可以有利于创造新材料、新能源以及清洁效率高的产品。如今,地球科学越来越朝综合化的方向发展,能够有效地为人类探索各种资源、有效和合理利用资源,以及保护生态环境提供了新的能力。加强绿色科技的创新可以卓有成效地缓解资源缺乏、缓解生态环境污染、抑制生态环境恶化,从而为改善人们的健康奠定了基础。

三、加强绿色科技创新要大力开发和利用绿色科技

21 世纪的今天,生态科学技术的大力发展还远远不能完全解决生态中遇到的各个问题。现代的生态科学技术既需要把自然科学和社会科学的最新研究成果融合在一起,并用来有效地解决人与自然协调中所遇到的各种问题。这种现代绿色科技与具体实践结合在一起,必然会进一步发展生态工程和生态理论,也必然会在未来的中国产生浩大的社会效益以及经济效益,也必然会为中国进行生态文明建设奠定出坚不可摧的物质和理论基础。所以,我们要竭尽全力开发和利用绿色科技成果,并加强绿色科技创新。

绿色科技的开发与利用是一个不断变化的、持续发展的动态性工程。随着我国科技水平和经济发展水平的不断提高,绿色科技的内涵和意义也必然处于不断的变化之中。因为绿色科技是推动我国经济朝又好又快的方向发展的重要措施。我们一定要树立起绿色科技创新意识,有力地发挥绿色科技的生态作用,并做到与时代保持同步。在税收和资金优惠等各个方面支持绿色科技创新,同时政府要营造成一个可以促进绿色科技发展的氛围。在最短的时间,尽快将先进的绿色科技成果转换成生产力,并大力宣传对于绿色科技成果的利用。同时也要强而有力地保护好知识产权,不断改善绿色科技创新的激励机制,有力地提高广大科技创新人员的积极性,强而有力地培养绿色科技创新人才,从而可以有效地为绿色科技创新提供夯实的基础。当然,做到这些还远远不够,还要不断地深化加强与其他国家进行绿色科技创新方面的交流,并有效地吸收和借鉴其精华部分,因为生态问题是全球性问题,加强绿色科技创新必然也是世界各国人民的共同的责任。

第七章　加强制度建设，为生态文明建设提供制度保障

　　党的十八大报告指出"保护生态环境必须依靠制度"。要想做好生态文明建设必须要有制度的保障，有效的制度安排能降低市场中的不确定性、抑制人的机会主义行为倾向，从而降低交易成本；产权等制度还可以为人们将外部性较大地内在化提供激励，减少环境污染，减少生态破坏。当前中国在经济社会发展的过程中，生态问题日趋严重，由国家主导，主动进行相关的强制性制度变迁在边际上依然有效，制度创新理应成为生态文明建设的制度基石。政府作为制度的主要制定者，在建设生态文明的过程中，必须大胆进行制度创新，推动现行制度朝着有利于生态保护的方向变迁。

第一节　加强生态文明制度建设的重要性

　　制度创新与变迁是中国生态文明建设的制度基石。改革开放以来，尽管国家出台了一系列关于生态文明的制度安排，但是总体上看，现行制度并不适应生态文明建设的基本要求，需要加强并完善生态文明制度的建设，生态文明制度的稳定性，将会保证在一个相当长的时期内生态文明价值目标在社会生产生活实践中的有效实现。

一、制度建设是生态文明建设的重要内容和可靠保障

　　邓小平曾经说过："制度好可以使坏人无法任意横行，制度不

好可以使好人无法充分做好事，甚至走向反面。"这一论断对制度建设的重要性进行了充分精辟的解释，生态制度的建设是生态文明建设的支撑。

（一）制度建设是生态文明建设的重要内容

1. 制度建设是生态文明系统工程的有机组成部分

生态文明是人类物质成果、精神成果和制度成果所构成的文明形态。生态文明建设是一项系统工程，它不仅涉及经济结构的转型，还包含政治体制的调整以及生态制度的构建、科学技术支撑等，建设与资源环境承载力相适应、遵循自然规律、贯彻可持续发展的资源节约型、环境友好型社会，实现人与自然和谐相处、协调发展。在这个过程中，着力构建并不断完善生态文明制度体系，不仅是生态文明建设的应有之义，也直接决定着生态文明建设的成败。

2. 制度建设伴随生态文明建设的全过程

生态文明建设作为一项复杂的系统工程，如何保障其能够准确地按照先期规划得到贯彻，顺利地实现生态文明的目标，关键在于对政策和制度的执行和落实。这一建设过程"单是依靠人类的认识是不够的，还需要对人类现有的生产方式，以及和这种生产方式连在一起的整个社会制度实行完全的变革"，即基于不同时期的社会关系来认识人类与自然界的关系，并根据人类对于自然界的实践而不断地规划和调节自身的行为，这一行为即是制度构建的过程，并且这一过程伴随着生态文明建设的全部环节，为实现生态文明的良性发展起着十分重要的作用。

（二）制度建设是生态文明建设的可靠保障

1. 为生态文明建设指明正确方向

十八大报告明确指出："要把资源消耗、环境损害、生态效益纳入经济社会发展评价体系,建立体现生态文明要求的目标体系、考核办法、奖惩机制。"这就为我国的生态文明建设指明了准确的方向,生态文明制度建设既是"自上而下、自下而上"的双向过程,也是"顶层设计"的过程。经过全方位的论证以及充分吸纳各方的建议后,形成一个能够为各级党委、政府、部门、团体和个人共同接受、共同遵守的合理制度。这是一个不断反思、不断认识、不断提高的过程,经过此阶段的工作将使生态文明建设的目标、任务、措施等方面更加合理和完善。

2. 为生态文明建设提供行为准则

所谓制度,就是指各种法律法规、各种规定章程以及规约的总称,人们的日常行动正是在制度的指导下进行的。进行生态文明的制度建设,就是要制定出一套符合生态文明的目标体系,不断制定并完善生态文明的管理体制和奖惩机制,这就为生态文明建设提供了一系列操作性强的行为准则。

3. 为生态文明建设提供监督和制度约束

生态文明建设需要通过制度的有效监督和检查才能确保其顺利进行,通过制度的执行力,对制度的严肃性进行维护。并且要对生态文明建设的落实情况进行详细检查,采用多手段和多形式结合的方式,与相关部门进行沟通,不断解决建设中的各种违反制度的问题。生态文明建设的顺利进行,离不开有效的监督和约束制度。

二、加强制度建设是应对生态文明制度建设滞后的客观需要

20 世纪 80 年代以来,我们在环境保护和资源利用方面,先后制定出一系列的制度与法规,但是随着时代的不断发展和变迁,这些现有的制度与法规在操作性上已经稍显落后。近年来我们

在资源和生态环境方面的矛盾和问题越来越多、越来越严重，面对严峻的现实，生态文明制度建设就显得极为重要。

（一）当前生态文明制度建设滞后的表现

1. 缺乏生态文明建设的总体发展规划

党的十八大报告吹响了向生态文明进军的号角，深化了对于生态文明重要性的认识，也进一步细化了生态文明实现的路径。但是，一些地方政府的生态文明意识尚未形成，且有关生态文明建设的顶层设计还处于空白的阶段，相关的政府决策部门还未制定出生态文明建设的整体策略和进一步发展的规划。

2. 现有的法规制度陈旧、不健全、执行不到位

我国一些环境保护方面的法规是在 20 世纪 80～90 年代制定的，这一时期，国家和社会层面还未形成系统明确的可持续发展的理念，一些法案也都是应急立法，有比较强的工具性。如国家在 1989 年颁布的《环境保护法》，有一些条规已经陈旧，在时代不断向前发展的过程中被淘汰。电子产品的更新换代加剧，饮料瓶等废弃物不断增加，但是却没有相关的回收法，只在《循环经济促进法》第十五条比较笼统地做了规定。再比如《海洋环境保护法》已经实施了几年，但还没有相关的实施细则出台，难以操作。在环境执法的过程中，行政权力干涉执法，降低了环境司法的地位和功能。在环境监管方面的人力不足，资金方面的不足，也是环境侵权事件发生的重要原因；有法不依，执法违法等现象的出现，也会扰乱生态文明建设的实施过程，因此，要对此加以监督。

3. 政府生态行政能力偏低

生态文明建设要求政府必须发挥主导作用，但是长期形成的制度路径依赖，使得一些地方政府的发展观和政绩观仍然停留在"唯 GDP 至上论"的层次，这必然影响到地区或国家的总体生态文明的建设水平。更有甚者,政府作为公共权威的代表,其生态行政能力低下又会对其他社会组织或公众造成负面影响。由于直接和间接的原因,致使政府不能及时监督和纠正市场机制下所导致的一边倒的逐利效应,而这种逐利行为又会对生态文明的建设产生不良影响。由于缺乏硬性的生态文明建设的评价和考核指标体系,没有和政绩考核紧密挂钩,导致个别地方政府或部门将生态文明建设视为可有可无的事项,其相应的行政行为也是敷衍了事;当地方政府和地方政府之间涉及环境保护和治理的问题时,"有利则争、无利则推"和"各家自扫门前雪,哪管他人瓦上霜"的行政乱作为或是行政不作为就体现得淋漓尽致,较低的生态问题处置能力在一些跨区域和流动性的生态环境问题上显现得尤为明显。

4. 缺乏相关的学术研究人才和成果

随着生态文明建设和环境保护这一全球性问题日益引起党和国家的重视,理论界诸多学者纷纷展开了对生态文明及其相关问题的研究,其中不乏应用一些开创性的研究方法和手段,取得了一批有针对性的研究成果和对策建议,提出了一些启发性的思路和可操作性的方法。学术界的一些研究成果在很大程度上支撑着生态文明建设的理论框架。但是深入地考察我国学术界对生态文明的研究,可以发现对于党和国家政策的解读及分析所占比重较大,而独立性强、系统性完整、理论性深厚的研究所占比重较小,缺乏对生态文明建设制度深入研究的人才和成果。

(二)生态文明制度建设滞后的原因分析

1. 生态文明建设还未得到应有的重视

时至今日,仍有许多人认为全球性的生态危机纯粹是杞人忧天,是一些政客拿出来招摇过市、拉拢选票的手腕;也有人盲目地认为包括生态危机在内的人类发展道路上的所有难题,都可以通过科技的发展来解决。这充分说明了无论是政府层面还是社会公众，对于生态文明认知水平仍较低，与之伴随的是低水平的生态不文明行为。一些地方政府在行政决策过程中，仍未将生态文明建设与经济建设等其他建设并列看待，依然坚持"一心一意跑项目，不管环保符不符"。在日常生活中，尽管大多数民众知道生态、环境保护和资源节约的道理，但切实能够落到实处的比率不高。民众普遍采取的生态保护行为主要是可以降低生活支出或有益自身健康的行为，而较少采用可能会增加支出及不便捷的行为。

2. 公众的生态文明意识还有待加强

生态文明意识，是指人们在把握和处理人与自然的关系时，应该持有的一种健康、合理的态度和理念。其核心要义在于，顺应自然的规律，维护生命的权利，谋求与自然的和谐共处，保证自然生态系统的良性循环和动态平衡。但是，长期以来，由于功利主义的不断强化，人类中心主义的蔓延，自然界屡屡遭受肆意践踏，人类征服自然、掠夺自然的现象时有发生，他们将其视为理应如此的行为，蔑视乃至无视自然界的价值，遑论对于自然界的保护。当前我国尚无规范化的生态文明宣传教育体制，各级生态文明宣传教育工作的职责、机构、队伍和工作机制仍不能统一，生态文明宣传教育工作的理论指导和实践效果明显滞后于当前生态文明建设的需要。

3. 单纯追求经济增长的风气还没有扭转

在不断追逐利润最大化的刺激下，在错误的政绩观诱使之下，社会上出现了一些权力和资本凝结聚合的现象，这种不正常的现象其最终的目的就是进行共同谋利。在这一现象中，本应当作为裁判者的地方政府转变角色，成为市场经济中的活跃运动员，比赛规则不能得到遵循，比赛结果也是可想而知的。而一些市场中真正的主体即企业组织，由于地方政府的袒护，则有恃无恐地最大化地榨取、盘剥自然生态系统所仅存的一点红利,丝毫没有顾及或承担其相应的企业生态责任。

4. 粗放发展的"后遗症"短时间难以治愈

第一,我国"以煤为主"的资源结构使得粗放型增长方式得以产生和延续;第二,经济发展阶段的制约强化了粗放型增长方式的惯性;第三,重速度轻效益的思维定式阻碍了增长方式的转变;第四,人口压力和就业问题也沉重地依附在经济增长方式转变之上。总而言之,实现由粗放型经济向集约绿色经济转变之路仍很漫长,不可能在短期内得到彻底的改变,这自然也延误了生态文明制度建设的步伐。

(三)加快生态文明制度体系建设刻不容缓

生态文明建设关系人民福祉、关乎民族未来。当前,我国资源约束趋紧、环境污染严重、生态系统退化的形势严峻。2013年1月、6月、10月、11月京津冀及周边地区出现大面积、长时间、高污染雾霾天气,东北三省秋季又连续出现严重雾霾天气,我国江河近海污染、土壤土质大面积恶化的趋势依然没有遏制住,既损害了人民群众身心健康,也影响了党和政府形象。这些现象都在告诫我们,扭转生态环境的恶化趋势已经十分紧迫,势在必行。我国经济发展长期以来是以粗放型为主,这也是导致生态领域出现问题的重要原因。因此,要将生态文明建设放在突出的位置,不断处理好经济发展与生态建设之间的关系,继而使得生态领域的改革与经济方面的体制改革实现良性的互动,最终实现建设美丽中国的目标,实现中华民族的永续发展。

自党的十八大提出加快生态文明制度建设,到第六次中央政治局集体学习提出"两个最严"(最严格的制度、最严密的法治),再到十八届三中全会提出生态文明制度体系建设,体现了我国"五位一体"战略布局的细化,这不仅仅是对"法治精神"的一种弘扬,同时也体现了生态文明建设在我国现阶段社会的重要地位以及重大意义，是对我国现阶段基本国情的深刻认识，对我国国情的本质把握，这体现了我们党在建设美丽中国过程中的信心和勇气。对生态文明制度建设的认识是一个不断深化的过程，这也是我们全党的一个不断克服困难，进行脱胎换骨的全新过程，是一个逐渐从理论转向实践，不断成熟的过程，这一过程带来的是我国生态文明领域的突破性改革和转变。

三、良好的生态文明制度有助于美丽中国梦的实现

（一）生态文明制度的强制性为美丽中国梦提供行为规制

强制性是制度规则与非制度规则的本质区别。制度在告诉人们应该做什么不该做什么，应该怎样做和不应怎样做的同时，也告诉人们违反规则要受到哪些相应的惩处以及惩罚的程度如何。通过规范与惩治的双重作用，保证道德规则的有效实施。在弘扬正气的过程中，形成正向的激励作用。制度越具体，限制和惩治的内容越明确、越具有可操作性。制度是限制，制定制度的目的也在于限制。制度和限制的约束是必要的，"正是因为它的存在、社会才能稳定，秩序才可能形成。没有制度约束的情况下，人们的行动是随机的、偶然和任意的，他们可以依据同样的理由做不同的事，也可以依据不同的理由做同样的事。他们做或者不做的唯一尺度，就是个人的好恶或个人的利益。"①完全按照个人好恶所形成的社会必然杂乱无章、混乱无序。针对这一问题，布罗姆利指出："没有社会秩序，一个社会就不可能运转。制度安排或工作规则形成了社会秩序，并使它运转和生存"。他还指出："这些制度传播和实施的方式就构成了那个社会的法律系统。制度约束人的行为有两种方式：一种是通过意识形态说服人们要自我监督；另一种是借助外部权威强制执行。说服的方式是大量

---

① 鲁鹏．制度与发展关系研究[M]．北京：人民出版社，2002，第127页．

的、普遍的,也是制度希望做到的,但制度约束的底蕴是强制,而不是说服。"在人们了解、认识制度,并不断遵循和实践生态文明制度的过程中,社会上违背生态文明价值理念的不道德行为、违规行为、违法行为等将得到有效的惩治;遵守规范、履行制度的向善行为将得到弘扬和激励,从而受到人们的尊重、尊崇和追随。"生态危机的解决特别需要有健全的生态制度发挥其应有的基础和保障作用。生态制度的建立与完善是生态文明建设的制度保证,也是生态环境保护制度规范建设的积极成果。生态制度是指以生态环境的保护和建设为中心,调整人与生态环境关系的制度规范的总称,生态制度是把生态文明理念和精髓纳入发展制度体系的必然要求,是生态文明建设的重要内容、制度基础和有力保障。解决中国生态环境问题,建设社会主义生态文明,必须把生态制度建设纳入整体的生态文明建设规划。"①在强制性制度作用下,正向的激励作用将不断促使人们自觉执行和遵守制度,强制性地将社会导向维护秩序、遵守规则、正常有序运行的轨道。生态文明制度的强制性,必将为美丽中国梦的实现提供文明、道德的行为规范。

(二)生态文明制度的群体性为美丽中国梦凝聚价值认同

制度诞生于社会群体的社会实践中,以群体的社会实践为基础,是社会群体实践的高度概括和科学总结,并成为社会群体在未来的实践中所必须遵守的规则。这就不仅要求参与社会实践的个体必须遵守,而且要求社会群体必须遵守。制度注重群体意识、群体修养、群体行为,对群体的行为具有规制作用:价值认同是指个体或组织通过不断交往,形成观念上的认同和共享,达成某种共同的关于理想信念的目标,进而实现自身在社会生活中的价值定位,形成共同的价值观,这一价值观是社会成员对于社会价值规范的自觉接受、自愿遵循以及自动服从。健康正确积极的

---

① [美]布罗姆利. 经济利益与经济制度[M]. 上海:上海人民出版社,1996,第55页.

价值认同，能够对日常的工作学习和生活产生积极的影响，对社会经济的发展起到促进的作用。

"生态价值"包括三个方面的含义：第一，存在于地球上的任何生物个体，都会在不断的生存竞争中实现自身的生存利益，并且在这一过程中创造其他物种和生命个体的生存条件。从这个层面来说，任何一个生物物种和个体，对其他物种和个体的生存都有积极的意义。第二，任何一个存在于地球上的物种以及个体，都会对整个生态系统的稳定和平衡发挥重要的作用，这体现的是一种生态价值。第三，自然界的系统整体的稳定平衡是人类存在的必要条件，这对人类的生存具有环境价值。

生态文明制度通过在社会交往过程中以强制性的规制，为社会群体提供对待资源环境的价值导向，把尊重自然、爱护自然、积极地保护自然作为群体的行为规范。对社会个体遵守相关制度规范行为的激励和褒奖，使个体对生态文明的价值规范自觉接受、自愿遵循，并形成价值认同，使生态文明的行为道德在社会群体中得到升华和弘扬，这既是道德进步由低级向高级发展的标志，也是整个社会生态道德不断养成的必经历史过程。随着个体善向群体善的不断转化，个体生态文明意识将逐步转化为群体生态文明意识并形成社会共识。生态文明制度中所蕴含的自然意识、环境意识也将不断超越"为我"和"唯我"的人本主义，不断形成整个中华民族的生态文明价值观念。正是在这个过程中，生态文明的价值观最终将成为美丽中国梦所必需的价值认同。

（三）生态文明制度的确定性为美丽中国梦形塑生态道德

制度的确定性是与道德提倡的抽象不确定性是相对应的。制度的确定性有助于行为主体对生态文明制度具体规范、目标的认识、理解和把握。生态文明建设是中国特色社会主义的本质要求，生态文明制度要保证中国特色社会主义的可持续发展，必须保证人与自然和谐以及人与人和谐的目标具体实现。人类学家所描述的形塑个体活动方式的过程，在社会学家那里被视为人的社会化过程:社会化"是人们获得人格、学习社会和群体方式的社会互动过程。"①没有规矩不成方圆。露丝·本尼迪克特说:"个体生活的历史中,首要的就是对他所属的那个社群传统上手把手传下来的那些模式和准则的适应。落地伊始,社群的习惯便开始塑造他的经验和行为。到咿呀学语时,他已是所属文化的造物,而到他长大成人,并能参加该文化活动时,社群的习惯便已是他的习惯,社群的信仰便已是他的信仰,社群的戒律亦已是他的戒律。"②生态文明制度作为有中国特色社会主义意识形态的一部分,赋予了人们应当自觉遵守的生态道德色彩。何为生态道德?姬振海在他的《生态文明论》中指出,生态道德的基本内涵包括:"一要热爱自然、尊重自然、保护自然(包括人化自然);二要珍惜自然资源,合理地开发利用资源,尤其珍惜和节制非再生资源的使用与开发;三是维护生态平衡,珍惜与善待生命,特别是动物生命和濒危生命;四要有节制地谋求人类自身发展和需求的不足,不以损害环境作为发展的代价;五要积极美化自然,促进环境的良性循环。判断生态道德行为的善恶标准是以人类的整体利益为基础的,即改变以生态环境的破坏为代价的生产,谋求以人类生存为根本利益出发点的新的道德准则"。③ 然而,道德的遵守,是上升到精神层面的行为规范,作为一种非正规制度,一方面,对人们的行为不具有强制性约束;另一方面,其是随着社会进程而不断演化的非正规制度,也具有不稳定性,甚至在一定程度上难以遵循。而作为外在强制性制度的生态文明制度,却具有较长期的严格确定性,以确定的形式,为人们提供可以遵循的行为规范和道德约束,形塑人们的生态道德行为。制度的形塑作用比之习惯和文化的作用更加强有力。第一,制度的形塑作用具有普遍统一性;第二,人的社会化过程中新的价值观的形成是由权威机构

① [美]戴维·波普诺. 社会学[M]. 北京:中国人民大学出版社,2007,第169页.
② [美]露丝·本尼迪克特. 文化模式[M]. 上海:生活·读书·新知三联书店,1988,第5页.
③ 姬振海. 生态文明论[M]. 北京:人民出版社,2007,第39页.

新的制度安排控制的；第三，制度是规则演进的高级阶段，是把社会文化、习俗等内在规则固定化的过程，对于形塑人们的观念行为具有强制性作用。正是在生态文明制度的强制性规定下，实现美丽中国梦所要求的道德形塑得以完成。

第二节　生态文明制度建设的基本原则和思路

生态文明制度建设是一项庞大的系统工程，牵涉社会的诸多方面。在进行中国特色社会主义生态文明制度建设的过程中，需要遵循一定的原则，需要明确基本的思路。

一、生态文明制度建设的基本原则

（一）系统性原则

生态文明制度建设的系统性原则要求把生态文明制度视为一个系统，以系统整体目标的优化为准绳，协调系统中各分系统和各要素的相互关系，使系统完整、平衡。这些要求表现在：首先把生态文明制度看作一个多层次、多维度的制度体系，涵盖政府、社会、组织、企业、个人等不同层级的主体，要求具体的生态文明制度要在每一个层次上都有反映，不能只停留在某一个层次上。其次把生态文明制度看作开放的系统，吸纳一切有益于推动生态文明建设的成果。再次把生态文明制度建设看作一个动态的、持续的过程，生态文明建设是一个只有起点、没有终点的世代工程，制度建设要围绕生态文明建设不同阶段和目标来建立和完善。

（二）公平性原则

生态文明制度的公平性原则体现在主体间公平性、区域间公平性和代际间公平性三个方面。主体间公平性是指，每个社会成员平等地享有生存和发展所需的资源,承担着相同的生态责任;区域间公平性指不同地区或不同行业之间在生态资源的利用上是平等的;代际间公平性是指当代人与后代人在资源分配上的公平和当代人在环境保护上对后代人所应尽的义务。

(三)责任原则

自然界对人类具有资源(经济)价值和生态(生存)价值两种属性,二者对人类的存在和发展都同等重要。生态文明制度的责任原则就体现在对自然资源的开发中必须承担生态环境保护的责任,做到保护和收益挂钩、开发和维护挂钩、公众参与和社会监督并行。

1. 保护和收益挂钩

在社会主义计划经济体制下,责任原则体现在资源利用上就是土地、森林和江河湖泊等资源的所有权归国家和集体所有,从理论上讲,国家或集体所有的部分所产生的收益可以在相应的范畴内实现人人有份。而在社会主义市场经济体制下,对资源进行配置的方式变更为市场机制,即用交换的方式统领经济活动的运行。市场经济资源利用的责任原则对资源的所有权进行了明确的规定,要求其必须具备完整性和排他性,甚至公有制的资源也是如此。人们自身并非资源的唯一所有者,他可以使用资源,但是不能再像传统计划经济时期那样,而是要付出成本进行等价交换,取得资源的使用权。对资源的使用是要付出代价的,正是由于这一原因,人们才会对资源进行合理有效的配置,不断发挥资源的使用效益。

2. 开发和维护挂钩

对于资源的开发和利用,做到明确主体,厘定责任。这样便于对资源和环境进行最大限度的利用,也可以对资源和环境开展最大限度的保护。稳定的环保投入又可以转化为优质的资产收益，这是一个双赢的过程。真正实现谁开发，谁维护。从事后补救变成了事前预防，从被动迎战变成了主动先发。同时从源头上将责任厘定清楚，不再是一笔糊涂账。

3. 公众参与和社会监督并行

由于资源开发利用回报显著，生态环境保护作用滞后，导致开发热情高涨而保护动力不足。政府除了建章立制，规范企业开发行为外，还要充分调动社会公众的积极性，共同参与到生态文明制度建设和维护中来。充分的社会监督是政府监管的有效补充，从而切实保障生态文明建设顺利推进。

(四)补偿与惩罚统一原则

1. 补偿性原则

补偿性原则是指某一社会组织、群体或地区为了增进社会整体利益而做出了自身生态环境的贡献或牺牲，但是由于现实条件的制约，这些组织、群体或地区并未能得到与其贡献相匹配的利益置换，所以为了整个系统的可持续发展，应该对这一部分主体予以适当利益补偿的原则。"减少一些人的所有以便其他人可以发展，这可能是策略的，但却不是正义的"。这需要对因为保全整体利益而牺牲或放弃自己利益的那部分组织或民众，进行有针对性的补偿。如自然保护区的设立，水源地的保护，使当地的经济发展和资源开发受到一定限制，给予必要的利益补偿是完全合理的。

2. 惩罚性原则

惩罚性原则可以理解成是一种示范性行为或者一种报复性行为，即对于破坏或损害环境的行为进行惩戒性的处置，使之具有标本的参考意义，实现惩恶扬善的目的。一些发达国家在确定国家赔偿标准时，按照惩罚性原则将赔偿额度标准设定为对侵害方应具有惩罚性。具体而言，赔偿款项主要包括两大块。首先是该赔偿能够赔偿或弥补受害人所遭受的损害;其次是还要为侵犯他人合法权益的行为埋单。这实际上就是赔偿额等于损失额加上惩罚金。这一原则规约下的赔偿额是比较高昂的,也具有较强的震慑作用。

3. 补偿与惩罚兼顾

补偿与惩罚兼顾,充分考虑到了生态文明建设过程中的主体和客体之间的关系,体现了一种理念上的转变和突破,即从之前提倡的"谁污染,谁治理;谁受益,谁保护"转换到"谁保护,谁受益;谁开发,谁担责",从被动承担到主动负责,凡有利于生态文明建设、促进可持续发展者,应加大补偿力度;凡是不利于生态文明建设、阻碍可持续发展者,则不但不补偿,反而要严格惩罚。

(五)可操作性原则

生态文明制度的可操作性原则是指某个具体的生态文明制度要有明确的执行主体、明确的阶段目标以及明确的落实检查手段。一个优良的制度,如果没有执行主体,再好的制度也会被束之高阁、沦为空谈;生态文明制度具有层次性和阶段性,在实施的过程中,不可能一步到达终点,要明确制度的阶段目标和完成的时间表;另外,还要明确落实检查手段,建立健全监督制约机制,保证生态文明制度的每一个阶段的任务都能顺利完成。

二、生态文明制度建设的基本思路

生态文明制度建设不仅要遵循一定的原则,还要有的放矢,明确思路,处理好各种关系,重点做好以下几个方面的工作。

(一)认真落实顶层设计

顶层设计这一概念来自"系统工程学",是指自高端开始的总体构想,是理念与实践之间的"蓝图"。生态文明制度体系建设要做好顶层设计,就是要制定出一套具体的生态文明制度建设与规划,同时要符合国家未来的发展战略。这就要求在进行战略规划的制定过程中,要立足长远,着眼全局,对生态文明的制度建设做整体的考虑,同时要将各个行业、不同地区的生态主体作为考虑的主要对象。在进行生态问题的统筹过程中,要采用"整体理念",将人与自然和谐作为主要的生态目标,采取因地制宜的生态模式。在最终做出生态制度的决定之前,需要不断考证各个决策主体的意见与建议,形成一个能被各个层次的部门都接受的合理制度。在这一制度制定完成之后,需要不断地反思,不断地认识,使其更加趋于合理与完善。

(二)妥善处理近期与长远的关系

十八届三中全会提出许多新的关于生态文明制度建设的建议,与此前的制度相比,有继承也有创新。旧制度的逐渐淘汰,需要一定的时间,新制度的出现同样需要时间,在执行的过程中,要不断对其进行细化和完善,才能促使新制度在大众心中得以实施。新旧制度之间的衔接过程,也会直接影响到实际工作的开展效果,因此,要不断分析近期与长远的关系,在保证整个生态文明制度体系的过程上,实行区域和地区试点,在取得成效之后再进行全面铺开。只有在实践中不断对制度进行充实与完善,才能实现近期的生态目标,也才能够在更大的视野中谋求生态文明建设的长远思考。

(三)最大限度保障人民群众的切身利益

十八届三中全会明确指出:"让发展成果更多更公平惠及全体人民。"这是第一次明确对生态的红线进行划定,使更多的处于环境破坏影响下的中国人有逐渐摆脱生活困境的可能,使处于资源短缺状态下的中国人有脱离发展困境的可能。实行资源的有偿使用制度,坚持生态补偿制度,不断对生态补偿机制进行完善,这些措施都有助于对重点生态区人民的生活进行不断改善。实行集体林权的制度改革,保证广大的林农对自己山林的拥有权,并不断保障他们的林下资源,进而帮助他们脱贫致富。

(四)加强制度贯彻的执行力

好的制度,不在指定,而在执行。离开了有效的监督,离开了制度的约束,生态文明体系也只是纸上谈兵。因此,要加强制度贯彻的执行力,要做好以下三个方面的工作。

首先,要保证生态文明制度的科学性和合理性。制度的合理性不仅仅体现在对法律和法规的遵从上,同时还要在进行广泛调查研究的基础上,通过缜密分析,结合生态建设的实际情况,进行制定与完善。这一过程,既要对宏观的架构进行详细规划,还要对微观措施进行认真制定。

其次,在制度贯彻的过程中,要注意体现"公开、公平、公正"的原则,要保证实施对象的平等性。在执行的时间与空间上,也要十分公开透明,要保证前后一致,避免出现制度走样、特例变通的情况。并且在制度的不断贯彻实行过程中,找出其漏洞以及薄弱环节,同时对今后的工作进行修订与不断完善。

最后,对生态文明制度的执行情况要保持及时地公开,并对考核机制进行不断完善。通过对监督者进行激励与约束相结合的方式,使他们充分发挥自身的积极性和主动性,最终使得制度得到彻底贯彻。一个完整有效的考核体系应该包括考核的相关部门、考核的一系列标准以及考核的主要程序,同时针对一些考核过程中出现的不合理现象,也要进行严格督办。生态文明的执行需要多个部门的齐心协力,任何一个环节出现问题,都会影响整个制度的执行效果。针对制度执行过程中出现执行不力的部门,要深入追究相关负责人的责任,严重者要给予他们行政的处分和法律的制裁。

(五)建立健全生态文明法律法规

生态文明的建设过程,需要健全的法律体系,也需要良好的法治氛围作保障，这是道德所不能替代的。为此，我们要在两个方面进行不断改善，一个是生态环境立法；另一个是生态环境执法。不断增加生态环境方面的法律责任，特别是刑事条款，与此同时，还要对一些执法不严的现象进行扭转，建立良好的生态保护的秩序。

第三节　生态文明制度建设及创新

制度形成的约束力，不论是在国家经济增长方面，还是社会发展方面，都起着至关重要的决定性作用。技术的革新为经济增长注入了新的活力，但是制度的创新与变迁，才是稳固技术创新成果的重要力量，制度是保证经济持续增长、社会持续发展的必备条件。人类社会从工业文明走向生态文明是历史的必然选择，严峻的资源环境与生态问题内生了对制度变迁的需求，制度创新与变迁是中国生态文明建设的制度基石。

一、中国特色生态文明制度建设的理念指导

（一）理论基础——马克思主义中国化最新成果与生态文明制度建设相结合

像构成地球生物圈的自然生态系统各不相同一样，构成世界总图景的社会生态系统也各不相同，推进生态文明建设特别是制度建设的路线也各不相同。在发达国家为推卸自己减少排放责任而挖空心思搞"说辞创新"的时候，或者在他们为抢占未来竞争高地而集中人力物力搞"智能超越"的时候，中国却更加坚定了脚踏实地搞生态文明建设特别是制度建设的决心。这是历史和逻辑的二重发展使然。回顾历史就会发现，发展是马克思主义最基本范畴之一。而在当今新的历史条件下，应该坚持的是以人为

本,实现全面、协调、可持续发展。事实上,中国走的就是这样一条道路。难道不是吗?自 1972 年中国参加斯德哥尔摩环境大会签署《人类环境宣言》至今 45 载,作为一个发展中国家,中国一直身体力行推进环境与发展工作。这不仅因为我们是联合国的常任理事国,我们理当全力以赴去推进联合国积极推进的工作,而且还因为我们是一个有着深厚的马克思主义理论底蕴的社会主义国家,我们有责任向全世界彰显马克思主义、社会主义的形象。作为马克思主义者,我们早在联合国第一次环境大会上就庄严宣告:"维护和改善人类环境,是关系到世界各国人民生活和经济发展的一个重要问题,中国政府和人民积极支持与赞助这个会议"①"我们认为,世间一切事物中,人是第一宝贵的。人民群众有无穷无尽的创造力。发展社会生产靠人,创造社会财富靠人,而改善人类环境也要靠人"。作为社会主义建设者,我们坚信"可持续发展战略事关中华民族的长远发展,事关子孙后代的福祉"②"人民是创造历史的根本动力。中国最广大人民群众是建设中国特色社会主义事业的主体,是先进生产力和先进文化的创造者,是社会主义物质文明、政治文明和精神文明协调发展的推动者"。③ 以人为本,就是要以实现人的全面发展为目标,从人民群众的根本利益出发谋发展、促发展,不断满足人民群众日益增长的物质文化需要,切实保障人民群众的经济、政治和文化权益,让发展的成果惠及全体人民。

(二)道路选择——科学发展观与生态文明制度建设相结合

如果说马克思主义是中国特色社会主义生态文明制度建设的理论基础,那么马克思主义中国化最新成果——科学发展观,就是中国特色社会主义生态文明制度建设的指导思想和道路选

---

① 马宏树. 环境保护知识[M]. 呼和浩特:内蒙古大学出版社,1999,第 155 页.
② 曾利. 环境安全与环境保护论[M]. 成都:电子科学出版社,2014,第 134 页.
③ 肖潇. 马克思人的发展理论及其当代中国论域[M]. 武汉:湖北人民出版社,2014,第 221 页.

择。科学发展观,是对党的三代中央领导集体关于发展的重要思想的继承和发展,是马克思主义关于发展的世界观和方法论的集中体现,是同马克思列宁主义、毛泽东思想、邓小平理论和"三个代表"重要思想既一脉相承又与时俱进的科学理论,是中国经济社会发展的重要指导方针,是发展中国特色社会主义必须坚持和贯彻的重大战略思想。科学发展观,不仅要求坚持以人为本,树立和落实全面、协调、可持续的发展观,而且要求做到统筹城乡发展、统筹区域发展、统筹经济社会发展、统筹人与自然发展、统筹国内发展和对外开放,因此,它是中国改革开放和现代化建设实践的经验总结,是全面建设小康社会的必然要求,符合社会发展的客观规律,而且是联合国可持续发展观的更为科学的表述。胡锦涛同志说:"要牢固树立保护环境的观念。良好的生态环境是社会生产力持续发展和人们生存质量不断提高的重要基础。要彻底改变以牺牲环境、破坏资源为代价的粗放型增长方式,不能以牺牲环境为代价去换取一时的经济增长,不能以眼前发展损害长远利益,不能用局部发展损害全局利益。要在全社会营造爱护环境、保护环境、建设环境的良好风气,增强全民族的环境保护意识。"[①]要牢固树立人与自然相和谐的观念。自然界是包括人类在内的一切生物的摇篮,是人类赖以生存和发展的基本条件。保护自然就是保护人类,建设自然就是造福人类。要倍加爱护和保护自然,尊重自然规律。对自然界不能只讲索取不讲投入、只讲利用不讲建设。发展经济要充分考虑自然的承载能力和承受能力,坚决禁止过度性放牧、掠夺性采矿、毁灭性砍伐等掠夺自然、破坏自然的做法。要研究绿色国民经济核算方法,探索将发展过程中的资源消耗、环境损失和环境效益纳入经济发展水平的评价体系,建立和维护人与自然相对平衡的关系。

---

① 十八大后中国共产党治国理政新方略[M].北京:中共中央党校出版社,2013,第37页.

（三）总体格局——"中国梦"与生态文明制度建设相结合

如果说党的十六大报告率先提出"推动整个社会走上生产发展、生活富裕、生态良好的文明发展道路"的设想（2002）；党的十七大报告把"建设生态文明"作为实现全面建设小康社会奋斗目标的新要求之一（2007）；那么党的十八大报告（2012）则以"四个第一次"的方式强调"把生态文明建设放在突出地位，融入经济建设、政治建设、文化建设、社会建设各方面和全过程，努力建设美丽中国，实现中华民族永续发展"。所谓"四个第一"，即第一次在党的报告中用一个单设篇来阐述生态文明建设；第一次把生态文明建设与经济、政治、文化、社会四大建设并列；第一次把生态文明建设作为中国特色社会主义"五位一体"总布局之一；第一次把生态文明建设写入了新修改的党章中。具体地说，党的十八大报告对生态文明建设作了如下解读：树立尊重自然、顺应自然、保护自然的生态文明理念，坚持节约资源和保护环境的基本国策，坚持节约优先、保护优先、自然恢复为主的方针，坚持生产发展、生活富裕、生态良好的文明发展道路；着力建设资源节约型、环境友好型社会，形成节约资源和保护环境的空间格局、产业结构、生产方式、生活方式，为人民创造良好生产生活环境，实现中华民族永续发展。在这里，需要再次指出，生态文明制度建设，既涉及资源系统与环境系统的重新耦合，又涉及经济制度、政治制度、文化制度和社会制度的重新构建。因此，它既要求重新认识与协调文明制度建设与其他制度建设之间的关系，又要求启蒙与推进其他制度建设向生态化方向的变革，还要求以法律制度体系的规范方式促进生态文明行动方案的实施。显然，比起其他制度建设来说，生态文明制度建设更具复杂性、艰巨性、创新性、探索性。从结果角度看，生态文明制度建设与科学社会主义理论一脉相承，也与人类文明演进趋势息息相关，最重要的是，它把人类文明史上唯一持续了五千多年的中华文明与当代文明和未来文明对接起来，并使之成为推动中国特色社会主义永续发展最重要的文明力量，因此，它必定是中国特色社会主义理论体系和制度建设的一个最重要的组成部分。

二、生态文明制度建设的主要内容

十八届三中全会提出：建设生态文明，必须建立系统完整的生态文明制度体系，实行最严格的源头保护制度、损害赔偿制度、责任追究制度，完善环境治理和生态修复制度，用制度保护生态环境。

（一）建立科学的干部考核制度

党的十八大报告提出，保护生态环境必须依靠制度。要把资源消耗、环境损害、生态效益纳入经济社会评价体系，建立体现生态文明要求的目标体系、考核办法、奖惩机制。十八届三中全会进一步提出，对领导干部实行自然资源资产离任审计，建立生态环境损害责任终身追究制。因此，建立适应生态文明建设的干部考核评价制度是其中关键的一环。

改革开放以来，一些地方领导把以经济建设为中心理解成了单纯追求经济的高速增长，使得 GDP 成为衡量经济发展与干部政绩考核的唯一指标，形成了所谓的 GDP 崇拜，这也是导致资源枯竭环境恶化的根源之一。纠正 GDP 崇拜并非完全放弃经济指标，关键在于转变观念和发展方式，建立科学的干部考核评价制度。

（二）健全自然资源资产产权制度和用途管制制度

党的十八届三中全会提出了"健全自然资源资产产权制度和用途管制制度"，并重申划定生态保护红线，实行资源有偿使用制度和补偿制度，改革生态环境保护管理体制。

自然资源资产产权制度。产权是指主体对于财产拥有法定关系并由此获得利益的权利，包括所有权、支配权、收益权等。健全自然资源资产的产权制度是为了使自然资源具有明确的"主人",由其获得使用这些资源的利益,同时也承担起保护资源的责任,如已经实施的土地承包权和集体林权等。但对于水流、森林、山岭、草地、滩涂甚至大气等这些特殊的公共自然资源,以往由于"无主"而被过度开发利用。按十八届三中全会要求,这些资源都要统一确权,形成归属清晰、权责明确、监管有效的自然资源资产产权制度。

自然资源用途管制制度。自然资源的生态空间是中华民族永续发展的根基。国家要在做好顶层设计的前提下,划定生产、生活、生态空间开发管制界限、落实用途管制。一旦自然资源用途确定,不论所有者是谁,都必须严格遵守,不得随意变更。例如,乱占耕地、随意扩大开发山地、林地、湿地湖泊等,今后都是必须绝对禁止的。

健全和推进自然资源资产产权制度和用途管制制度的改革,不是要改变自然资源国有性质,而是对资源使用权进行确权和清晰化改革,做到自然资源有序、高效、节约、集约使用。

(三)改革生态环境保护管理体制

建立和完善严格监管所有污染物排放制度,独立进行环境监管和行政执法。建立陆海统筹的生态系统保护修复和污染防治区域联动机制。健全国有林区经营管理制度,完善集体林权制度改革。

(四)健全法律惩罚制度

为了加强对自然资源和生态、环境的保护,我国制定并实施了一系列法律、法规和部门规章。仅以环境保护为例,截至2013年5月,我国共制定了10部环境保护法律,颁布了环境保护行政法规20部,环境保护部门规章67部,批准和签署国际环境条约50余项。10部环保法律分别是《中华人民共和国大气污染防治法》《中华人民共和国固体废物污染环境防治法》《中华人民共和国环境保护法》《中华人民共和国环境影响评价法》《中华人民共和国环境噪声污染防治法》《中华人民共和国节约能源法》《中华人民共和国可再生能源法》《中华人民共和国清洁生产促进法》《中华人民共和国水法》《中华人民共和国水污染防治法》。事实上，2012年修订通过的《水污染防治法》已在法律责任的规定上有较大突破，如第八十三条规定，对造成一般或者较大水污染事故的，按照水污染事故造成的直接损失的20%计算罚款；对造成重大或者特大水污染事故的，按照水污染事故造成的直接损失的30%计算罚款。若环境影响评价法也能在法律责任方面做出与违法损害相适应的惩罚性规定，则违规建设项目问题可从根本上得到解决。此外还要抓紧拟定有关土壤污染、化学物质污染、生态保护、遗传资源、生物安全、臭氧层保护、核安全、环境损害赔偿和环境监测等方面的法律。

目前环保法规方面还存在的问题有：环境保护的法规、制度、工作与任务要求不相适应；由于环境立法未能完全适应形势需要，有法不依、执法不严现象较为突出；环境保护法律数量虽多但质量却不高，不利于通过法律手段解决环境问题；环境法律法规偏软，可操作性不强，对违法企业的处罚额度过低，环保部门缺乏强制执行权。说到底，还是由于现有的环境保护法律大都制定于计划经济条件下，难以满足市场经济条件下利益调整的需要。

在解决违法获利问题上，"守法成本高、执法成本高、违法成本低"成了环保软肋。因此进行生态制度建设时必须提高违法成本，相关处惩要与违法者获得的利益相匹配。马克思在《资本论》中引用英国评论家登宁的话："一旦有适当的利润，资本就胆大起来。如果有10%的利润，它就保证到处被使用；有20%的利润，它就活跃起来；有50%的利润，它就铤而走险；为了100%的利润，它就敢践踏一切人间法律；有300%的利润，它就敢犯任何罪行。"所以企业宁愿罚款也不达标排放；与动辄数十亿元、几百亿元的投入，可观的地方财政收入和企业利润相比，5万元以上20万元以下的罚款几乎小到可以忽略不计。因此，让企业违法成本远远高于环境治理成本才能使企业主动治污。

在解决执法不严问题上，必须加大生态专业队伍建设，将环保法专业人员匹配到基层执法队伍中。只有具有较高法律水平的执法人员，才能从根本上了解环境执法不严对社会的危害。总之，法律惩治与法律宣传并重，加强执法队伍的生态意识建设势在必行。

（五）加强绿色教育制度

绿色教育制度建设是上述建设的助推器，因为制度是用来规范社会现象的硬指标，如果生态文明教育到位了，这个硬指标的必要性会减弱，因为教育文化等软指标的存在能更好地从认识论角度、价值观角度对社会行为做出规范。这样，制度各方面都会减轻很多负担。目前，中国大、中、小学校的在校学生有两亿多人，他们不仅是弘扬生态文明的主力军，而且也是中国未来的建设者，生态文明理念如果能在学校、老师和学生的心里扎根，那么未来中国的生态文明一定能发芽、开花、结果。推行生态文明理念进校园，开展系列公益活动，宣传生态文明理念，普及生态文明知识，培养中国未来建设者健康、环保、绿色的良好习惯。形式可以多样化，如环境教育、参观讲座、展览展示、评优竞赛、文艺活动等。生态文明理念可以作为一种文化的传承，通过教育使之得以延续并注入不竭的活力，达到全面提升全民族的生态文化素质。

我国的绿色教育于1973年正式拉开帷幕。当年我国召开第一次全国环境会议，《中国环境报》《环境教育》等先后创办；将环境教育纳入国家教育计划的轨迹，成为教育计划的一个有机组成部分，全民参与环境教育的热情普遍增强。由于我国的教育起点低，重视程度不够等因素的影响，目前我国环境教育仍面临诸多挑战：资金投入不够，地区发展不平衡，教育体系发展不均衡等。就绿色教育本身而言，它是一项基础性、系统性、长期性的伟大工程，必须建立起家庭、学校、社会三位一体的环境教育合力网。

三、加快推进生态文明制度建设的创新

(一)生态文明制度创新的原则

1. 政府主导与全民参与原则

生态文明建设是一项长期、艰巨而复杂的系统工程,包含生态经济建设、生态环境建设、生态人居建设、生态文化建设、组织保障、政策引导、科技支撑等方面。它是一项涉及社会各方力量的公众事业,需要政府、市场、公众等各方力量的全面参与和共同治理。

政府是拥有公共权力、管理公共事务、代表公共利益、承担公共责任的特殊社会组织,作为一种公共权威,它体现社会的公共利益、整体利益和长远利益。政府作为生态化制度创新与变迁的领导者、组织者、管理者、服务者,由于其地位的特殊性,对生态文明建设的作用是其他任何社会组织都无法替代的,必须要求政府在全社会生态文明建设中居于主导地位,强化生态文明建设在政府职能中的地位和作用,提高政府生态文明建设的效率,以满足人民根本利益的迫切要求。

全民参与是生态文明建设的重要基础。没有广大群众的积极参与,仅仅依靠政府主导,唱独角戏,社会主义生态文明将是镜中月、雾中花。全民参与的生态化制度变迁,一是要求在全社会树立生态环保意识,使"生态文明观念在全社会牢固树立";二是要求全社会主动、全程参与生态化制度体系的建设、监督与执行。

全民参与需要政府大力培养公众的生态环境保护和建设的自治能力,并监督和鞭策政府生态文明建设职能的实现。因而,必须加强能源资源和生态环境国情宣传教育力度,树立人与自然和谐相处的价值观念,把节约文化、环境道德纳入社会运行的公序良俗,把资源承载能力、生态环境容量作为经济活动的重要条

件,进而改变人们的生产生活方式和行为模式。在企业、机关、学校、社区、军营等开展广泛深入的生态文明建设活动,普及生态环保知识和方法,推广节能新技术、新产品,倡导绿色消费、适度消费理念,引导社会公众自觉选择节约、环保、低碳排放的消费模式。促进公众对生态文明建设的自觉参与,把建设资源节约型、环境友好型社会落实到社会的每一个成员身上,落实到人们息息相关的生活中。

　　2. 技术创新优先原则

　　技术创新与进步在人类文明演变过程中发挥了不可替代的作用。当人类社全跨入知识经济时代,技术发挥作用的范围更加广泛,影响更加深远;没有一定的技术支撑,再好的制度也难以有效发挥激励约束功能。技术创新是形成生产力的直接因素,但技术创新需要一系列诱导机制,这些诱导力量来自制度创新。技术创新和制度创新互相影响、互相促进;构建生态文明离不开技术进步而技术进步则要依靠相关制度创新予以保障[①]。第二次世界大战以来的实践证明,建立在技术创新支撑的实业基础上的经济繁荣比过去由金融创新催生的繁荣更加稳定持久。许多发达国家科技进步对经济增长的贡献率已经超过其他生产要素贡献率的总和,国家和地区的发展比以往任何时候都更加依赖于技术创新和知识的应用。社会主义的生态文明也是如此。

　　科技创新不仅是构建生态文明的强大武器,也是经济持久繁荣的动力。面对新的机遇和挑战,世界主要国家都在抢占科技发展的制高点。我们必须因势利导,奋起直追,在世界新科技革命的浪潮中走在前面,用技术创新来推动我国生态文明制度建设。

　　技术创新原则是生态化制度创新与变迁的基本原则之一。坚持技术创新原则就是要在技术创新过程中全面引入生态学思想,考虑技术创新对环境、生态的影响和作用,追求经济效益、生

---

　　① 卢现祥,朱巧玲. 新制度经济学[M]. 北京:北京大学出版社,2007,第 511—513 页.

态效益、社会效益和人的生存与发展的有机统一。

3. 立法与执法并重原则

立法与执法是一个事物的两个方面，辩证统一，相互依存，紧密联系，缺一不可。高质量的立法为执法提供法律依据，良好的执法效果能使立法成效达到最大化。

立法和执法，作为权利、义务的制度安排和具体落实，各种利益之间的博弈是贯穿始终的。构建社会主义生态文明，应坚持立法与执法并重原则。从立法看，我国的生态资源环境立法应遵循以下原则：可持续发展；因地制宜、因时制宜、分阶段推进、分类补偿；先行试点，逐步推开；生态环境污染和生态破坏源头控制；污染防治、生态保护和核安全三大领域协调发展；维护群众环境权益、国际环境履约和环保基础工作。同时处理好中央与地方、政府与市场、生态补偿与扶贫、"造血"补偿与"输血"补偿、新账与旧账、综合平台与部门平台的生态补偿关系。通过 5～10 年努力，形成覆盖生态环保工作各个方面，门类齐全、功能完备、措施有力的环境法规标准体系，从根本上解决"无法可依、有法不依、执法不严"的问题，建立权威、高效、规范的长效管理机制，把生态环境保护与资源可持续利用纳入法制化、规范化、制度化、科学化轨道。

同时，加强执法建设，加大执法力度。法学界专家指出，法制的健全和完备固然十分重要，但最关键的还是执行要到位，两者缺一不可。如果法律制定很多、很好，但没有执行力，其结果就是再好的法律条文只能成为一纸空文，形同虚设。立法者和执法者都应该充分尊重社会利益主体对立法和执法的需要，在立法和执法中，加强监督制约机制的建设，把执法机关和执法人员的执法权限限制在一个合理而严格的框架里。避免出现过于积极的职权主义，造成立法无法执行以及执法中存在乱执法的现象。只有坚持有法必依、违法必究、执法必严，才能真正达到构建社会主义生态文明的目标。

（二）生态文明制度建设创新的路径

1. 制定生态文明发展的总体规划

制定一个相应的发展规划是生态文明制度建设取得成功的必不可少的环节。从国家层面上，要制定长远的国家级的发展规划，统一协调和制定国内经济、政治、文化等各个领域发展的方针、政策、目标和计划。各个地方的生态发展规划只能根据国家规划的精神，结合自身的条件和特点制定本地区的具体发展规划。作为国家级的规划，它应以概念性、原则性为主。各个地方性的规划，应该在国家规划所设定的框架内，结合当地的实际情况，制订较为具体的方案。

2. 转变政府职能，打造生态文明型政府

要强化政府的能源及减排和任期绿化目标等工作责任制，各级领导干部要树立正确的发展观和生态观。各级政府应为推进生态文明建设提供制度基础、社会基础以及相应的政治保障，把生态文明建设的绩效纳入各级党委、政府及领导干部的政绩考核体系。抓紧建立地区资源节约和生态环境建设、保护绩效评价体系，完善相关制度和技术手段。建立健全监督制约机制，严格落实"一票否决"制。建设或规划的项目对生态环境有重大影响的要进行专家论证，重大污染环境项目要立即停止。要自觉公开环境信息，对涉及公众环境权益的发展规划和建设项目，要通过开听证会或社会公示等形式听取公众意见，接受社会监督。

通过建立和实施生态环境违法、违规责任追究制度，强化生态行政能力，打造生态型政府，建立有关政策体系，推进生态民主建设。提高生态行政能力，从根本上建设生态文明社会，必须从主要用行政办法保护生态转变为综合运用法律、经济、技术和必要的行政办法解决问题。

3. 改革企业形式，提高企业的生态文明水平

企业能否贯彻生态文明制度是决定生态文明建设能否成功的关键因素。企业可以在国家政策的引导下，根据市场需求的变化结合企业所处的生态环境，自主选择适合本企业的发展目标，可以对生态化水平高的项目进行创新投入，并承担相应的风险。鼓励企业技术创新是企业实现构建生态文明、获得可持续发展的关键。

当前的国际环境正处于一个以生态保护为基础的新一轮的技术范式转换的过程中。低碳经济、新能源技术等蕴含着巨大的市场，企业抓住机遇才能在竞争中立于不败之地。企业要提高高层管理人员的科技水平，要培养造就一批既懂专业技术知识又有生态意识的高层次科技型管理人才。对大中型企业，要积极鼓励建立自己的科研机构，每年按销售额的一定比例拨出款项进行生态技术创新。对于中小企业，可与高校和科研单位加强联系，以聘请顾问、客座研究人员以及合作共建等形式提高企业的科技力量，让科技力量进入生态文明建设之中。

第八章　生态文明融入城市建设的措施

"建设生态文明,是关心人民福祉、关乎民族未来的长远大计。"党的十八大强调要把生态文明建设放在突出位置,融入政治、经济、文化建设等各个方面,努力建设美丽中国,实现中华民族的永续发展。作为群众生存的空间和不同特质的文明形态,城市和乡村的生态建设应成为生态文明建设的重中之重。

第一节　加强公众参与意识,建立生态保障制度

生态文明城市是在美丽中国建设总方针下提出的建设构想,与生态乡村共同承载起建设美丽中国的蓝图。在新的历史时期,生态文明城市建设符合时代发展的潮流,是生态文明建设的重要组成部分。

一、生态文明城市的内涵

生态文明城市的概念提出时间较短,学术界尚没有一个统一的概念界定。对生态文明城市内涵的理解主要有以下几个方面。

(1)生态文明城市是在工业文明的基础上发展的适应生态文明时代的新型城市模式,承载着人类物质文明和精神文明的发展成果。首先,生态文明城市建设是城市发展的必然历史过程,是生产力发展到一定阶段的产物,必须通过物质文明基础才能够推动,最终是要在工业城市基础上促进生产力的发展,提高人们的

生活质量;其次,居民的生态文明化才是真正的城市生态文明的标志,生态文明城市是人类在其中提升人文力量、构建人文精神、升华人文思想、积累人类文明的场所,是人类实现全面发展的重要途径。因此,生态文明城市建设必须承载着人类物质文明和精神文明的发展成果,成为践行生态文明理念、建设人类理想的聚居地。

(2)生态文明城市是以人的行为为主体,由社会、经济和自然几个子系统组成的和谐的复合生态系统,是按照生态学原理建立起来的经济社会高速发展、资源高效率利用且生态良性循环的人类聚居地。生态文明城市作为一种新的城市发展模式不仅要促进人与自然的和谐,还要解决人与人、经济发展与个人自身发展、经济发展与社会、经济与自然环境等各子系统之间的和谐,从而使整个复合生态系统和谐发展。

(3)生态文明城市是城市发展的高级阶段、高级形式,是解决当前城市各种矛盾的有效途径,生态文明城市建设的过程是漫长的,需要在理论和实践方面对城市的发展模式、途径进行不断探索。与工业文明城市相比较,生态文明城市属于更高层次,但它不是静止不变的,是不断发展的,是需要分阶段逐渐实现的,它不会一蹴而就,是一个长时间的建设过程。

二、生态文明城市建设的内容

(一)城市生态经济建设

1. 生态经济的内涵

生态经济是指在生态系统承载能力范围内,运用生态经济学原理和系统工程方法改变生产和消费方式,挖掘一切可以利用的资源潜力,发展一些经济发达、生态高效的产业,建设体制合理、社会和谐的文化以及生态健康、景观适宜的环境。

2. 城市生态经济建设的主要内容

(1)依托产业基础,培育优势产业

一方面是在城市现有的产业基础上,加大科技投入,对支柱产业进行产业结构升级,提高能源效率,降低碳排放,使产业结构由低级到高级演进,切实转变发展方式,坚持走以科技创新和管理创新为驱动的科学发展道路,优化结构、改善品种质量、淘汰落后产能,促进产业由大变强。另一方面促进产业集群化发展,以城市主导产业为基础,使大量产业联系密切的企业以及相关支撑机构在空间上集聚,在技术创新、产品创新、服务创新和市场营销中,显示出充满活力的多样性和适应性,并形成强劲、持续的竞争优势,带动地方经济高速发展。

(2)调整产业结构,发展第三产业

在城市发展的不同阶段,产业结构变化较大,在工业时代第二产业占比最大,城市经济发展需要大量资源进行支撑。生态文明城市应根据本地的实际情况大力发展第三产业,提高第三产业比重,例如石油城市新疆克拉玛依市在"十二五"规划中提出"突出发展'三大产业',推动经济结构优化升级","三大产业"是指金融产业、信息产业和旅游产业。目前,我国一些大城市第三产业比重接近60%,而发达国家的一些大城市,如纽约、东京、首尔等第三产业比例已高达80%左右。

(3)结合本地实际,发展生态产业

充分考虑本地优势如地理位置、资源、交通、资本、自然环境、人力资源、科研及工业基础等,发展适合本地条件的新兴产业、高技术产业、低碳经济和可循环经济,保证经济高效高速发展,减少对石化资源的依赖和对环境的破坏。

3. 我国城市生态经济建设近期目标

(1)产业结构合理

首先要提高第三产业占比,第三产业占比指辖区第三产业产值占地区生产总值的百分比,生态文明城市第三产业占比要逐渐提高到60%以上;其次是降低区域内产业结构相似度,在产业结构变动过程中地区间不断出现结构高度相似的趋势,这种产业结构相似性的增强使得资源配置率低,将严重影响该区域的经济发展,降低区域产业结构相似度可避免重复建设、恶性竞争,促进经济良好发展。

(2)提高资源产出率

资源产出率指的是消耗一次资源(包括煤、石油、铁矿石、有色金属稀土矿、磷矿、石灰石、沙石等)所产生的国内生产总值。它在一定程度上反映了自然资源消费增长与经济发展间的客观规律。资源产出率低,说明区域经济增长更多的是依靠资源量的投入,资源利用效率较低。

(3)提高单位工业用地产值

单位工业用地产值指辖区内单位面积工业用地产出的工业增加值,是反映工业用地利用效益的指标。单位工业用地产值越高,土地集约利用程度越高。

(4)提高再生资源循环利用率

其是再生资源循环量与再生资源消耗量的百分比,表明废旧金属、报废电子产品、报废机电设备及其零部件、废造纸原料、废轻化工原料、废玻璃等再生资源的循环利用程度。再生资源循环利用率越高越有利于节约资源、减少污染。

(5)降低单位工业增加值新鲜水耗

单位工业增加值新鲜水耗是指工业用新鲜水量与工业增加值的百分比。工业增加值新鲜水耗降低说明工业生产节水率高或者是水的循环利用率高。

(6)降低碳排放强度

碳排放强度指辖区内某年度二氧化碳排放量与当年GDP总量的百分比。降低碳排放强度,是低碳经济的外在表现,是我们当前应对全球气候变暖,臭氧层破坏的一项重要措施。

（7）提高生态资产保持率

生态资产保持率反映辖区内生态系统服务功能相对变化的情况，用于表示具有重要生态功能的林地、草地、湿地、农田等生态系统具有的各项生态服务（如水源涵养、水土保持、防风固沙等）及其价值得到维护和提升的程度，反映通过生态文明建设工作，区域生态系统质量取得的变化。

（二）城市生态环境建设

1. 生态环境的内涵

生态环境是指生物和影响生物生存和发展的一切外界条件的总和，由许多生态因素综合而成，其中非生物因素有光、温度、水分、大气、土壤和无机盐等，生物因素有植物、动物、微生物等。在自然界，生态因素相互联系、相互影响、共同对生物发生作用。

2. 城市生态环境建设的主要内容

（1）控制污染

城市内的污染主要有废气、废水、固体废弃物、粉尘和噪声污染等，控制污染的方法主要有两方面，一方面是控制污染物排放，即从源头控制，例如采用清洁能源和可再生能源替代工业和生活使用的石化能源，减少碳排放。北方城市采用集中供热替代小锅炉房，提高了能源利用效率，减少了粉尘及废气的排放。另一方面是污染的治理，即对已产生的污染物进行处理，例如城市污水处理厂对污水的处理，垃圾的无害化处理等方法。

（2）自然生态环境的保护

自然生态环境主要包括水源涵养、湿地、生态林地、河流、湖泊、海洋和特殊生境等，在城市中以各种类型的自然保护区包括风景名胜区的方式，对有价值的自然生态系统和野生生物及其栖息地予以保护，以保持生态系统内生物的繁衍与进化，维持系统内的物质能量流动。例如《贵阳市生态文明城市建设规划》中就提出："加强环城林带、'两湖一库'等重要生态敏感区域的保护，合理利用公园、河湖、山体等城市生态资源，开展城市综合环境治理，建设生态贵阳。"

（3）生态修复

城市建设必然对原有的自然生态系统进行了大规模的破坏，因此城市的生态环境建设不仅要对一些重要的生态环境进行保护，还要加强对已经被破坏的自然环境进行修复。例如，城市绿化工程，不仅能美化环境，提高空气质量，还能对土壤和地下水的自然状态进行修复；对污染的土壤、水体采用一些微生物、物理、化学及其联合修复技术进行修复。

（4）物种的保护

一方面是保护本地物种，防止外来物种侵袭。本地物种在长期生物进化过程中适应了本地自然条件，并达到生态平衡，应加以保护，而外来物种的出现及大量繁殖将破坏本地的生态平衡。另一方面是要保证物种的多样性，营造生物多样性高的复层群落结构，保存生物多样性可为城市将来的生存、发展和繁荣提供更多、更好的条件，使城市对未来可能发生的环境变化具有更强的应变能力。例如在城市中建设生态"廊道"，使城市及郊区的生态基质保持联通，保证区域生态环境的稳定性及整体性，保留动物迁徙通道，增加城市内野生动物种类。

3. 我国城市生态环境建设近期目标

（1）降低污染物排放强度

污染物排放量是指单位土地面积所产生的主要污染物数量，反映了辖区内环境负荷的大小。环境污染物排放量包括工业污染源、城镇生活污染源及机动车、农业污染源和集中式污染治理设施排放量。降低污染物排放强度，有利于减少环境污染，防止生态环境破坏。

（2）提高受保护国土面积比例

受保护国土面积比例指辖区内各类（级）自然保护区、风景名胜区、森林公园、地质公园、生态功能保护区、水源保护区、封山育林地、基本农田等面积占全部陆地（湿地）面积的百分比。受保护的国土面积越大，越有利于保护城市的自然生态群落的生态平衡。

（3）提高林草覆盖率

林草覆盖率指市区内林地、草地面积之和与总土地面积的百分比。绿色植物不仅能美化城市，还具有较强的吸收、吸附有害气体和悬浮颗粒物的作用，对于改善空气质量具有重要作用。

（4）提高污染土壤修复率

污染土壤修复率指辖区内受污染农田开展修复和被二次开发（改变用途）的面积占辖区受污染农田总面积的百分比。城市辖区农田由于工业排放或长期使用农药化肥等而造成污染，对其进行修复有利于保证农田的可持续发展和食品安全。

（5）提高生态恢复率

生态恢复率指辖区内通过人为、自然等修复手段得到恢复治理的生态系统面积占经济建设过程中受到破坏的生态系统面积的百分比。生态恢复是指对生态系统停止人为干扰，以减轻负荷压力，依靠生态系统的自我调节能力与自我组织能力使其向有序的方向进行演化，或者利用生态系统的这种自我恢复能力，辅以人工措施，使遭到破坏的生态系统逐步恢复或使生态系统向良性循环方向发展。生态恢复的目标是创造良好的条件，促进一个群落发展成为由当地物种组成的完整生态系统，或为当地的各种动物提供相应的栖息环境。

（6）提高本地物种受保护程度

本地物种受保护程度指辖区内通过就地、迁地保护和尽量使用乡土物种开展生态建设等有效措施保护原生植物和动物物种，避免或减缓因外来物种入侵及生境恶化等情况造成的对原生物种的威胁，从而使该区本地物种多样性受到保护。本地物种经过长期引种、栽培和繁殖，被证明已经完全适应本地区的气候和环境，具有实用性强、易成活、利于改善当地环境和突出体现当地特色的优点。本地物种的保护有利于维持自然生态系统平衡。

（7）提高国控、省控、市控断面水质达标比例

国控、省控、市控断面水质达标比例是指国控、省控、市控断面水质达到功能区水质标准的个数占区域所有国控、省控、市控断面总数的百分比。断面水质达标率越高，表明城市区域的水域污染越小，水体受保护程度越高。

（8）提高中水回用比例

中水回用比例就是区域将污水处理为中水的量与区域污水排放总量的百分比。中水回用就是将人们在生活和生产中用过的优质杂排水、杂排水以及生活污水经集流再生处理后回用，充当地面清洁、浇花、洗车、空调冷却、冲洗便器、消防等不与人体直接接触的杂用水。其水质指标低于城市给水中饮用水水质标准，但高于污水允许排入地面水体排放标准，亦即其水质居于生活饮用水水质和允许排放污水水质标准之间。提高中水回用比例有助于减少对地下水的开采、利用，从而涵养、修复地下水源。

（三）城市生态文化建设

1. 生态文化的内涵

生态文化是反映"自然—社会—经济"复合生态系统之间和谐相处、共生共荣、共同发展的一种社会文化，它是社会生产力发展、生产方式进步、生活方式变革和社会文化进步的产物，是生态文明的重要组成部分。其中人与自然和谐共处、共同发展是生态文明建设的基础，是生态文化在现阶段的核心内容。

2. 生态文化建设的主要内容

（1）开展生态环境教育

生态环境教育是指以人类与环境的关系为核心，以提高人类的环境意识和有效参与能力、普及环境保护知识与技能、培养环境保护人才为任务，以教育为手段而展开的一种社会实践活动过

程。生态环境教育的内容应包括：环境与环境问题的基本概念、可持续发展思想、生态系统与生物多样性保护、环境污染及防治、人口与环境、资源与环境和全球环境问题等方面。目前根据我国的实际情况，可以在初中、小学阶段采取渗透—结合型环境教育，在小学"自然"，初中"地理"等课程中纳入资源、生态、环境和可持续发展内容，并探索建立生态环保科普类课外活动，普及生态环境科学知识；党校、行政学院定期举办生态环境教育培训，或在培训中设置生态环境保护课程，较深入地理解环境与发展问题，树立可持续发展理念，提高有效应对环境问题的能力。

(2)组织环保公益活动

环保公益活动是指出人、出物或出钱赞助和支持某项环保公益事业的公共关系实务活动，主要包括针对公众和相关机构设立环境保护专项资助基金，义务建设生态环保工程，义务宣传生态环保知识，实施生态环保教育培训等环保公益活动。环保公益活动是全社会参与生态文明城市建设的体现，有助于发挥社会各界的力量传递生态文化、共建生态文明城市。

(3)提倡公众参与行为

一方面，生态文化的创造、传承、发扬是以公众为主体的，参与生态文明城市建设、生态文化的传播有助于居民对生态文化的认知和认同，能引导群众积极投身到生态文明建设中去；另一方面，生态文化要服务于群众，以提高群众生态文明建设的积极性、主动性、创造性，同时服务群众也是生态文化的方向和发展动力。

3. 我国生态文化建设的近期目标

(1)党政干部参加生态文明培训比例达到100%

其是指在生态文明城市建设过程中，党政干部必须全部参加生态文明专题培训。党政干部参加生态文明培训能更好地制定生态文明制度，提供生态文明服务，在生态文明建设中起到带头作用。

（2）提高生态文明知识普及率

生态文明知识普及率反映公众对生态环境保护、生态伦理道德、生态经济文化等生态文明相关知识的掌握情况。普及率越高越有利于发挥居民建设生态文明城市的积极性和主动性。

（3）适当提高生态环境教育课时比例

生态环境教育课时比例指义务教育（小学、初中）每学期生态环境保护教育课时占学期全部课时比例与领导干部培训（党校、行政学院）每学期生态环境保护教育课时占学期全部课时比例的平均值。提高课时比例有助于城市生态文化的建设、传播，培养居民的生态环保意识。

（4）提高规模以上企业开展环保公益活动支出占公益活动总支出的比例

其是指辖区内规模以上工业企业开展环保公益性活动的经费支出占企业全年开展公益活动总经费支出的比重，能反映出企业对生态文明城市建设的认知和行动情况。

（5）提高公众节能、节水、公共交通出行的比例

包括：①节能电器普及率，是指辖区范围内销售的具有节能认证（能效标识为一级、二级，或具有"中国节能认证"标识）的电器数量与同类电器销售总数量的百分比；②节水器具普及率，是指辖区范围内销售的具有"节水产品认证"标识的用水器具数量与同类用水器具销售总数量的百分比；③公共交通出行比例，是指辖区内乘坐地铁、公共巴士、专营的士等公共交通工具出行的人数占该区以机动车形式出行人数的比例。三项指标可以反映出公众的生态环保意识和生态行为的情况，反映出城市生态文化普及效果。

（6）制定地方特色目标

特色目标是反映生态文明城市区域性特征的目标，是有别于其他城市的差异性体现。鉴于我国幅员辽阔，各地自然条件、环境禀赋和经济社会发展情况差异性明显，各地在生态文明建设过程中，应该依据区域特点制定出可以更好地促进区域生态环境保

护、优化经济社会发展的目标。如发掘地方文化和民族文化中有利于生态保护和可持续发展的元素,通过政府引导和支持发扬光大,或在文化产业发展中把生态文化发展作为重点扶持等内容均可作为特色目标。

三、生态文明城市的发展趋势

生态文明城市建设开展时间较短,对其发展模式、发展方向还需要在实践中不断探索。根据我国目前情况,大致有如下发展趋势。

(一)培育生态文明城市建设的价值观

只有实现人类价值观念的根本改变,人类的生产、生活方式才能实现根本性转变,生态系统的结构和功能才能够真正得到保护。城市作为大量人口集聚的空间载体,承受着更多的人类活动压力,必须从价值观的角度探求生态文明城市建设的路径,如果居民不能确立人与自然和谐相处的价值观,那么单靠城市生态系统的保护和重构,仍然不能避免城市生态系统的崩溃。

(二)突出生态文明城市的特色

生态文明城市建设追求城市复合生态系统的协调发展,城市的发展模式应具有个性突出的特色,因地制宜地发展特色经济、建造地方色彩的建筑和景观,发扬地域文化。城市特色越来越成为城市发展活力的持久动力因素,对城市的生态文明发展、城市竞争实力的提高具有十分重要的意义。

(三)关注可持续发展的城市建设

发展是城市建设永恒的主题,生态文明城市的可持续发展不能简单归结为生态环境的可持续性,更要关注经济社会繁荣发展和人的可持续发展,经济的萎靡造成的社会动荡,必将影响生态文明城市建设历程。只有城市各个系统全部实现可持续发展,才能实现生态文明城市建设的最终目标。

(四)不断改善民生,促进社会和谐

在城市复合生态系统中,人处于主导地位,只有人的物质需求和精神需求不断得到满足,才能保证人与人的和谐,人与社会的和谐。不断改善民生,构建优美环境,保障公共安全,创造丰富的生态文化,提高居民生活品质,实现社会的公平和公正,使居民具有良好的自我发展机会和良好的社会保障方能促进城市生态文明建设。

第二节 发展乡村生态经济,加大生态投资建设

在中国,广袤的农村地域和众多的农村人口占据了全国国土面积和人口的绝大部分,建设美丽中国,起点在农村,关键在农村,实现也在农村。生态乡村应与生态文明城市并驾齐驱,共同铸就中华民族的"美丽中国梦"。

一、生态乡村的内涵

生态乡村是指运用生态学与生态经济学原理,遵循可持续发展战略,通过农村生态系统结构调整与功能整合,农村生态文化建设与生态产业的发展,实现农村社会经济的稳定发展与农村生态环境的有效保护。

二、生态乡村建设的路径

(一)发展现代农业

建设生态乡村,首要的任务是发展农业,只有农业发展起来,

才可以实现农民增收与致富,奠定坚实的物质基础。同时,生态乡村对农业建设提出了新要求,应致力于发展现代农业。

1. 现代农业与农业现代化

我国对农业现代化的认识是一个逐步深入的过程,在不同的时期有不同的理解。20 世纪五六十年代,学者们主要研究的是农业现代化的特点,包括机械化、电气化、水利化和信息化等,随后对现代农业的内涵表述大致都是这些内容的细分。后来,关于现代农业有了一些新的内涵,包括:(1)强调土地利用的集约化、科学化和产品生产的社会化与商品化;(2)利用技术革新改造传统农业、利用现代管理模式管理农业、培育新型农民等;(3)认为现代农业的重要标志之一是生态特色或是可持续发展农业,这是基于发展生态文明的要求,也是对现代农业等同于"石油农业"认识偏差的纠正,这些都从不同角度诠释了现代农业的内涵。

因此,现代农业概念只是一种相对性的概念,随着时代的进步,将会被赋予不同的内涵,从目前来看,现代农业的内涵主要包括三方面内容:(1)与传统农业比较,利用先进技术进行装备,发展方式为可持续、集约化;(2)在农业生产中强调制度因素的作用,包括利用现代化的管理制度进行运作和管理,进行专业化操作等;(3)现代农业是提高传统农业竞争力的有力方式,也代表了农业发展的方向。

农业现代化是走向现代农业的必经之路,它是一个动态的推进过程。通过国外发达国家的农业发展实践,可以发现实现农业现代化都具有一定的共性,如主要是通过将工业技术运用到农业生产中,利用高科技装备农业,实现农业的规模化与自动化运营,此外,也有农业的服务体系的不断完善,管理效率的提高与管理水平的改善,最终是通过市场性的运作实现农业生产资源的有效配置。同时,不同国家因自然环境的不同,在发展现代农业过程中发展的重点和采取的步骤有所不同,如果只是盲目照搬,将发展农业与本国国情割裂开来,或是仅仅通过追求某些量化指标的改善而不关注农业系统内各个要素之间的联系,不仅不会实现农业生产的进步,还会影响一国的农业经济安全。

农业现代化是将传统农业改造成为现代农业的必经之路,它不是单单引入某一生产要素如技术要素,进行生产要素的重新整合,同时更是这些要素地位与功能的重新匹配,实现要素效率的最大化。若将农业纳入整个经济社会系统,发展现代农业更是关系到城乡关系的改善、工农关系的调整等社会结构转型的重要方面,目的是要将农业发展成为同样拥有特色竞争力的优势产业,同时引发从事农业生产的人员社会地位、经济地位与其他行业从业人员地位趋于均等化。具体而言,发展现代农业意味着在未来某个时间,会出现农业比较优势与竞争优势的改变,包括农业与二、三产业之间资源的重新配置,如技术、信息等要素逐渐向农业倾斜;农业参与国际贸易中比较优势的变化;引发一系列制度的改善,包括农产品营销制度、土地流转制度与经营制度、农业金融制度、产品价格形成制度以及由此引发的关于政府对农业管理职能的改革等。

2. 我国现代农业发展模式

为了有效指导我国现代农业发展工作的开展,为中国特色新型农业现代化道路提供支撑,农业部通过突出区域代表、工作抓手、典型路径和理论提炼的方式,系统地分析梳理了我国各省土地、水和劳动力三种资源利用的特点,始终坚持区域代表性强、特点突出、推动有力、政策配套、成效显著的原则,最终促使我国现代农业形成了劳动节约型、土地与劳动力节约并重型、土地节约型、水土资源高效利用型、水资源节约型和全要素集约型六类现代农业发展模式齐头并进的全新局面。

这六大模式的共同特点是以区域的农业资源禀赋为出发点,将制约因素变成区域农业发展的核心竞争优势。"黑龙江模式"为劳动节约型农业发展模式,突出特点是发展现代化大农业,具体表现为通过规模化实现机械化的发展,以此提高劳动生产率,这种模式在我国东北和西北地区较为常见;"浙江模式"为土地节约型农业发展模式,突出特点是将粮食生产功能区和现代农业园区建设相结合,形成生态高效和特色精品的发展方式,以此提高土地的产出率,这一模式在地价昂贵的东部地区较有代表性;"甘肃模式"为水节约型农业发展模式,突出特点是将旱作农业示范区和高效农田节水示范区相结合,始终贯彻保水节水的原则,通过多种方式提高水资源利用效率,在西北地区非常具有借鉴意义。

这六种模式的另一个共同点是突出区域的农业生产特色,将地域特色转变为产业品牌。作为我国重要的粮食生产基地,河南省将建设高标准粮田和实现产业化集群相结合,始终坚持稳粮增效的目标,努力建设"全链条、全循环、高质量、高效益"的现代农业产业体系,是中部地区农业发展的代表;作为我国重要的粮经作物生产基地,四川省在推进农业现代化进程中,始终坚持把建设规模化、标准化现代农业产业基地作为发展方针,并且还大力推广"千斤粮万元钱""吨粮五千元"粮经复合种植新模式,是西南地区发展农业的代表;作为现代都市农业发展的"领头羊",天津市优势资源丰富,如人力资源、科技资源和资本资源等,以拓展农业功能为着眼点,逐渐形成高科技农业、设施农业、会展农业、休闲农业为一体的农业发展体系,在大城市郊区具有一定的代表性。

3. 发展与展望

"十二五"规划纲要提出,在工业化、城镇化深入发展中同步推进农业现代化,坚持走中国特色农业现代化道路。走中国特色农业现代化道路,需要抓住关键、把握重点。2012年,国务院发布《全国现代农业发展规划》,要求加快转变农业发展方式,明确提出事关现代农业发展全局的重点任务。按照规划精神,现阶段推进农业现代化需要把握以下几个重点。

(1)完善现代农业产业体系。现代农业体系是多层次、复合型的产业系统,不仅包括农业的生产、流通销售等传统农业领域,同时也是涵盖农业服务体系、农业金融体系以及土地经营制度体系等在内的所有内容,要求以现代化技术装备企业、以市场需求为生产导向、以现代化管理制度进行改革,实现生产效率高、综合效益好的新型农业发展模式。

(2)提高农业产业化和规模化经营水平。通过国外农业发展实践不难看出,农业的产业化与规模化是大势所趋。一方面,可使农业的生产经营成本降低,提高规模化经营效益;另一方面,产业化发展可以带动农业与其他相关行业的相互联系,有助于构建农业的一体化体系,从根本上改变现有小户经营带来的生产效率低下的局面。

(3)改善农业基础设施和装备条件。我国的农业地区发展极不平衡,一些地区采取的种植模式很大程度上还是依靠人力进行,发展现代农业就是要逐步实现农业的机械化、信息化与自动化,为此必须不断提高农业设备的使用率,完善农田水利设施,做好防旱防涝工作,利用现代技术和信息大发展的良好契机,不断研发出适合本地的农业生产、加工装备,逐步提高机械化操作所占比重。

(4)健全农产品质量安全保障体系。目前,世界各国都重视生产安全无公害的绿色产品,随着我国参与国际贸易程度的加深,要想使农业生产更具有市场竞争力,必须严格按照世界产品生产标准进行生产控制,在国内要不断建立健全生产的标准体系、防疫监测体系,加强生产—流通—销售—使用整个流程中各个环节的质量监督和检查,保证提供安全食品。

(5)培养新型农业人才。要发展好农业,拥有农业生产专业化知识和技能的农民不可或缺,但实际情况是,目前农村生产者多数存在着受教育程度不高,农业生产技能不强的问题,培育新型农民就是要不断提高科学文化水平与劳动技能,用现代农业营销与管理理念武装农民,通过开展各种形式的知识培训和通过知识科技下乡活动,打造新型农民。

(6)发展农业社会化服务。农业社会化服务是指随着农业的商品化与市场化程度的加深,农业生产体系中提供服务的参与者增多,包括各种协会、专业化合作组织、农产品龙头企业等,为了提供便捷的服务,需要政府部门逐步引导各参与主体进入市场,通过规范市场行为,提供优惠政策,如市场准入资格、财政补贴、税收减免等手段实现整个市场的流转。

(7)加大农业示范区建设力度。根据地区差异,重点发展适合本土的农作物种植技术。目前,许多农村地区已形成了"一村一品"的良好发展格局,坚持以市场为导向,重点发展生态农业、休闲观光农业以及外向型农业等,充分发挥示范区的带头引领作用,通过高效管理与规模化运营,形成以点带线、以线带面的良好发展态势。

(8)加强农业资源和生态环境保护。农业发展不仅是为人类提供温饱,同时农业也是自然生态系统中的重要组成部分,现代农业的发展方向之一就是发展生态农业。所谓生态农业,就是要以保护环境、资源节约为目的开展各种生产活动,如对土地的集约利用,减少化肥与农药使用,促进水资源的可持续利用,推动农业生产废弃物的处理与消纳等,维护农业生态系统的平衡与稳定。

(二)弘扬传统生态居住方式

生态乡村推进"生态人居"工程,全面建设宜居、宜业、宜游的生态乡村。其中改造旧村,改造危旧房成为"生态人居"工程的重中之重。农村的房屋建设即将发展到一个新的阶段,如果不把握好当前发展态势,农村新的房屋建设很可能对农村的生态环境造成新一轮的破坏。因此,我们应顺从自然,重新弘扬传统生态居住方式。

1. 生态居住方式

(1)生态居住方式的内涵及其意义

生态居住是指在一定生态条件下建筑房屋和居住,而生态居住区是生态居住的载体,生态居住区指以生态设计原则来指导居住区的开发与建设,从土地的规划、建筑的设计、建成后的运营,甚至物业管理等都包括在内。生态设计遵循"以人为本"的原则、并用"生态美学"来创新,协调人、自然、建筑和社会生态环境之间的关系。此外,以绿色技术来支撑,从而体现居住区人格化、自然化和生态化的设计理念。

近些年,随着人类毫无节制地开发建设而向环境投放污染物质造成全球范围内出现温室效应,河流污染,物种灭绝,于是人们意识到可持续发展的重要性,绿色生态建筑的理论体系就是在可持续发展的理论基础之上建立而来,绿色生态住区的研究在近几年已成为可持续发展研究的主题之一,它是可持续发展理念的集中体现,所以人类居住理念发展的必然趋势就是绿色生态居住。

生态农村住宅与传统农村住宅相比,具有低能耗、低排放、低污染的优势,并且从成本及静态投资回收效率来看,也优于传统农村住宅。生态农村住宅是生态建设重点关注的问题,其不仅关系到农民生活的改善,还涉及农村节能、节地、节材等可持续发展问题,因而农村生态住宅的建设对于生态乡村的建设具有重大意义。

(2)生态住宅的种类

随着时间的发展,生态住宅也发展出不同的种类与风格,目前生态住宅大体可以分为以下六种。

①生态住宅类。主要提倡艺术与生态住宅的完美结合,开发生态住宅的艺术性,把它当成艺术品去创造、去建造,最大限度地开发这类生态住宅的艺术性,使住宅达到无论从外部看还是内部看都是一件艺术品。

②生态智能类。主要是将各种生态智能与生态住宅相结合,最大限度地使生态住宅拥有智能性。将任何可运用的智能设备都适当地置入生态住宅内,使主人凭借简单的操作就可以达到一种特殊的享受。

③生态宗教类。主要是将宗教或氏族图腾所代表的精神与

生态住宅相结合所建造的住宅。

④原始部落类。以原始人、土著人的部落形式为主要依据建造的生态住宅。它是一种供人回味、体验部落和栖息方式的住宅。

⑤部分生态类。在有限条件下进行局部尝试来建造的生态住宅。可能是一些房间中的几间,或者是房间中的一部分使用满足生态要求的装置。

⑥生态荒庭类。将最新科技与原始生态相结合,一方面最大限度从形式上回归自然,进入一种原始自然状态中,另一方面又利用最新的科技文化成果使人们可以在院落里一边快乐地品尝香浓的咖啡,一边用计算机进行广泛的网上交流,为人们造就一方原始与现代相结合的趣味天地。

2. 发展与展望

(1)生态住宅的要求

①生态住宅要按照生态学的要求实现环境优化,使物质、能量良性循环。

②要实现污染废物排放最小。

③必须尽量使用污染小、可循环利用的绿色家具、材料,室内空气质量、热环境、光环境和声环境等需满足居住者健康舒适的要求。

(2)保持传统生态居住方式的技术策略

①充分考虑气候因素和场地因素,如朝向、方位、建筑布局、地形地势等。尽可能利用天然热源、冷源来实现采暖与降温;充分利用自然通风来改善空气质量、降温、除湿。

②水的循环利用与中水处理,在适宜的范围内进行雨水收集、中水处理、水的循环利用和梯级利用,特别是对于水资源匮乏的地区。

③结合居住区的情况(规模密集、区位、周边热网状况)采取最有效的供暖、制冷方式。加强能源的梯级利用。

④结合居住区规划和住宅设计来布置室外绿化（包括屋顶绿化和墙壁垂直绿化）和水体，以此进一步改善室内外的物理环境（声、光、热）。

⑤使用本土材料、降低由于材料运输而造成的能耗和环境污染。

⑥在技术成熟、经济允许的情况下，适当地使用新材料、新技术，提高住宅的物理性能。

⑦注重不同社会文化所引发的生活方式上的差异以及由此产生的对住宅设计的影响。提倡基于健康、节约的生活方式。

（三）提倡环保生活方式

近年来，农村地区各类污染事件频发，部分农村自然环境极度恶化，这不仅威胁到农民的生命健康，还制约着农村经济的可持续发展。农村的环境保护问题也关系到我国生态乡村整体建设，因为没有农村良好的环境，就不可能形成适宜居住的生态乡村。因此，探寻农村生活污染来源并找到解决办法对于生态乡村建设十分重要。

1. 农村生活污染的主要来源及成因

（1）农村生活污染的主要来源

目前，国内农村绝大部分生活污水未经任何处理就直接排放，这些污水渗漏到地下并对地表水造成严重污染。这些生活污水主要包括洗涤废水、厨房污水等。农村家庭生活产生的洗涤废水含有大量的氮、磷、钾等富营养有机物质，直接排入本地池塘也会加剧水域的富营养化。因此，提高农民的环保意识和农村生活污水处理能力已迫在眉睫。

一方面，随着农村经济的快速发展和农民生活水平的提高，垃圾也相应增多，而且农村生活垃圾普遍的处理方式就是不加处理地简单转移。另一方面，由于城市现有处理垃圾的能力有限，城市生活垃圾呈现向农村转移的趋势。这两方面的原因使得垃坂围村,而且很难有效降解。长期以来,随意丢弃垃圾不仅极大地破坏村容整洁,也加剧了农村固体废物污染。

在农村许多家庭仍大量使用煤炭和木材取暖和做饭,这会排放出大量重金属、细粒子、二氧化硫和氮氧化物等。这些污染物对人体健康造成了极大伤害,甚至威胁农民生命,也严重污染农村地区的大气环境。特别是在北方,冬季燃煤取暖对大气产生的污染一直是大气治理的难题。

(2)农村生活污染的成因分析

①农村的环境保护规划严重滞后。相对于国外农村的环保法治状况,我国乡村的发展变迁受传统文化及小农思想的影响巨大,广大农民和各级政府在对农村的环境保护规划方面缺乏正确认识,特别是各级政府对农村产业发展规划的关注和投入不足,受"一切以经济建设为中心"政绩观的引导,只顾盲目发展经济,而忽略农村生态环境的保护,特别是缺乏有效的农村环保规划,这是发生农村环境污染的根本原因之一。

②农村居民环保意识薄弱。由于我国农村居民大多文化水平较低,对环境重要性的认识不足,造成了我国农民的生态环境意识比较淡薄,对环境危害的源头和危害程度缺乏正确认识,落后的生产生活方式广泛存在,在生活中缺乏保护环境的积极性,对影响和破坏环境的行为缺乏清醒认识和有效的自我管理,有意无意地对环境造成了污染。

③农村环境保护投入不足。在我国各项农村公共服务建设中,环保投入占农村公共投入的比例很小,农村环保基础设施十分落后。农村公共服务体系建设严重滞后,造成垃圾围村,偏远地区村民垃圾无处丢放,也就造成了村民垃圾随意丢放,毫无分类意识。

④农村环境保护法律制度建设不健全。环境问题在中国受关注较晚,而且环保立法与实际需求存在一定差距。《环境保护法》在制定过程中针对的主要是城市的环境保护,没有对农村的环保进行规范。目前国家颁布了一系列有关环境保护的法律法

规,但涉及农村环境保护问题的环保政策法规还是过于抽象,原则性太强而执行性差,实践中难以操作,缺乏调整和约束地方政府的行为,相关农村环境保护的法律体系不健全,部分环境问题无法可依。没有法律法规的规范也就无法在制度上规范村民的生活行为,也就造成了村民的污染行为无法治理的结果。

2. 未来与展望

(1)加强宣传教育,大力提高农民的环保意识

我国农村环境形势已成为我国新农村建设的重大制约因素。环境教育在我国已开展多年,但长期以来宣传教育的重点在城市,农村环境教育宣传工作还显得十分薄弱。思想意识方面的提高是解决农村环境问题的根本前提。通过开展农村环境理念的宣传教育,让农民树立强烈的环境意识,调动农民的环保积极性和能动性,只有让农民行动起来,我国农村的环保问题才可以从根本上解决;科学宣传农村环境污染带来的严重后果,帮助农民认识化肥、农药、秸秆、家禽粪便等造成的环境问题,增强农民的环境道德意识和参与意识,让居民了解农村环境工作的重要性,如何帮助减少在生产、生活中所产生的污染,建设美丽和谐新农村。

(2)科学规划村镇建设

科学有序的规划指导是实现农村村民养成良好的环保生活意识以及提高环境质量的重要保证。要按照大力推进城乡一体化,建设生态文明的要求,科学合理地展开农村环境规划编制工作。

(3)加大对农村环保事业的投入

农村环境整治和生态建设离不开环保基础设施建设,基础设施建设在很大程度上取决于政府的投入和民间的投入。应通过国家财政投入、省级财政补贴、地方配套和农民自筹及社会融资等方式筹措资金,多渠道增加对农村环保事业的投入。

(4)完善农村环境管理体系和环境立法

我国农村环境管理体系和法律法规严重缺失。如何健全我

国农村生活垃圾污染防治法规,防范农村生活垃圾污染行为的发生,是一个值得关注的问题。一是加强环境保护的机构和能力建设,完善社会主义新农村环境管理体系。各级政府和相关单位要在人力、资金等方面向农村倾斜,彻底打破之前农村环境保护人员不足的局面。二是加大农村环境保护的立法力度,建立健全农村环境保护的政策、法规,形成一套科学合理的治理体系。三是村规民约、《环境卫生公约》等上村务公开栏,用村规民约约束改变随意扔垃圾陋习。

第九章　生态文明的主体行为建设

生态文明的行为是人类社会行为,因此,生态文明的行为主体是人。建设社会主义生态文明归根到底是作为主体的人在改造客观对象世界和改造主观世界的实践活动过程中所创造出来的一切积极成果的总和。所以,从这一点来看,生态主体文明是生态文明建设的关键和核心。为了研究生态文明的需要,可将生态文明行为主体分为三大类,即政府、企业及公众。这三大主体相互支撑与影响,形成一个庞大而复杂的整体。

第一节　政府在生态文明建设中的行为

政府是国家权力机关的执行机关,是国家政权机构中的行政机关,即一个国家政权体系中依法享有行政权力的组织体系。它是国家公共行政权力的象征、承载体和实际行为体。政府发布的行政命令、行政决策、行政法规、行政司法、行政裁决、行政惩处、行政监察等,都应符合宪法和有关法律的原则和精神,都对其规定的所有适用对象产生效力,并以国家强制力为后盾而强制执行。

事实上,今天的环境问题,不是一个科学技术的问题,而确确实实是一个政治问题。虽然生态问题从表象上看是因为人们不合理地开发、利用自然或生态系统而打破了原有的平衡性,恶化进而影响到人的生存和发展的问题,但生态问题最终还是要通过人们的生活领域进入政治领域,特别是当前,中国的发展已经进入一个环境高风险的时期,污染已从单个个人,单个单位扩展到布局性、结构性的污染。一旦发生事故就会威胁到上百万老百姓的生命安危，环境问题已列入政府必须改进的范围之内。而政府又在经济社会等各个方面发挥着无可比拟的作用和影响，因此，在生态文明的建设中，政府占据着不可取代的主导地位。

一、政府的生态责任

（一）政府生态责任的内涵

汉语对"责任"的解释主要有两种：一种是角色职责和义务，即分内应做的事，例如教师责任和医生责任等；另一种是对应做的事情没有做好从而应承担的过失，例如渎职者的责任等。本章所提出的政府责任，主要说的是前者对于"责任"的解释。从性质上来说，政府责任实际上是一种角色责任，其是在国家社会生活中，宪法和组织法所获得的特殊角色的地位和职权的基础上而形成的。也就是说，政府的地位和职权实际上都是法律所赋予的，其主要目的是实现政府行政管理的职能，开展活动以为广大群众谋取福利。

由环境所产生的影响具有广泛性、长期性和不可逆转性的特点，因此，一旦环境问题产生，那么就会对整个社会产生严重的影响。为了避免这种情况的发生，保护现代及后代人的利益，在整个社会范围内都产生了要进行环境保护的需求。政府作为公民利益的守护者，为了满足广大群众的需求，就主动承担起了进行环境保护的重任。在全球范围内，随着国家和地区经济的不断发展，对于环境的污染和破坏的情况也愈发严重，在这种情况下，西方国家首先通过立法的形式在全国范围内确立了政府在环境保护中的地位，此后，政府的环境保护职责开始以法律的形式被确定下来。当前我国正在构建以和谐社会为主题的伟大复兴中国梦，必须要坚持科学发展观，全面落实政府环境保护责任，这是解决环境问题的关键。

(二)政府生态责任的特征

依法行政是政府环境保护责任的核心。从行政法的角度来看,该种责任可以分为积极责任和消极责任两种。其中,积极行政指的是一种新型行政,其不会对相对方的权力和义务产生直接的影响,例如行政政策、行政规划、行政咨询和行政指导等。依法行政对积极行政的要求是,"法无明文禁止,即可作为"。而消极行政则指的是传统行政方式,其会对相对方的权利义务产生直接的影响,例如行政命令、行政处罚、行政强制措施等。对于消极行政来说,依法行政对其的主要要求就是"没有法律就没有行政",也就是说,消极行政必须要在法律的严格限制内执行。

随着我国改革开放的不断扩展和市场经济的不断改革,我国经济呈现出繁荣发展的景象,但随之而来的就是环境状况的逐渐恶化,在这种情况下,政府的环境责任就应该随之改变,由传统的消极责任逐渐向新型的积极责任转变。对政府来说,在执行环境保护责任的过程中,必须要采取积极的态度,坚持"法无明文禁止,即可作为"。同时,面对当地环境问题的实际情况,制定相应的保护措施,提高环境问题治理效果,在各个领域中形成环境保护的合力,扩大环境保护的主体范围。在传统的政府行政管理中,政府通常是以行政命令、行政处罚、行政强制等手段来进行治理,在未来的环境保护中,政府行政手段应逐渐向行政指导、行政契约、行政奖励等形式进行转变,通过与经济主体进行协商,达成共识的方式来实现政府环境行政管理的目标。当前,预防为主已经成为当今环境保护中的首选方案,以此来最终完成环境保护的任务。

由"末端控制"转向"源头控制",积极倡导合理开发和利用自然资源,将维护生态平衡作为环境保护的重要指导,实现当代人与后代利益的平衡,人类与物种利益的平衡。作为政府方面,应正确处理好眼前利益和长远利益之间的关系,坚持预防为主的环境治理原则,强化政府的环境保护责任。

二、政府在生态治理中的主导作用

当前,中国特色社会主义市场经济追求的是实现可持续发展,其具有永久性和全球性的特征,这就决定了政府必须要在可持续发展中发挥主导性的作用。其原因主要有以下两点。

第一,当前全球性的生态环境问题较为突出,主要表现为臭氧层过度耗用、跨区域环境污染、生物多样性破坏和生态退化等,想要解决该类问题,如果仅靠一个或是几个国家的力量是很难办到的,必须要在全人类的共同努力下,齐心协力才能解决问题。[①]

第二,从经济学的角度看,消费活动具有排他性和生产上的竞争性,由此可以将物品分为四类,即无排他性和无竞争性的公共品、具有排他性和竞争性的私人物品、无排他性而有竞争性的公共资源、有排他性而无竞争性的自然垄断物品。在实现可持续发展的过程中,需要更多的公共物品的长期提供,在发展方向上具有显著的长期性和公共性,只有依靠政府的强大支持力量才能实现。

从本质上来看,在实现经济可持续发展的过程中,政府的主要任务是通过制度安排与制度创新、提供合理的促进可持续发展的制度框架来发挥自身的主导作用。政府的主导性作用主要表现在倡导、组织和推动三个方面,也就是说,在实现可持续发展的过程中,政府应当充当起倡导者、组织者和推动者的角色。所谓倡导者指的是,政府要建立和塑造起有利于可持续发展的价值伦理观念、思想道德体系和文化环境。所谓组织者指的是,政府要建立起有利于可持续发展的政策法规体系,对各个市场主体的经济行为进行约束和规范,减少由于发展模式的转变从而对利益造成的损害。所谓推动者指的是,在可持续发展的过程中,政府通过提供公共服务和公共物品,来对市场中的失灵现象进行矫正,

---

① 王伟中. 国际可持续发展战略比较研究[M]. 北京:商务印书馆,2000,第10—12页.

这样有有利于公平的实现。

三、政府进行生态治理的基本原则

（一）地方政府优先原则

地方政府优先原则指的是，在实现经济可持续发展的过程中，凡是需要政府参与的事项，首先应考虑地方政府能不能完成，如果地方政府有能力完成，那么中央政府就尽量不要再进行干预，直接授权地方政府完成即可。这样做的原因是，可以提高地方政府的办事效率，激励地方政府提高工作积极性。此外，由于地域的限制，还能防止由于信息不充分从而导致决策失误的出现。想要充分发挥地方政府的行政作用，就需要政府体制在集权与分权管理、事权与财权对应、官员政绩考核取向等方面，进一步进行改革，提高政府的办事效率。

（二）市场优先原则

当前，我国实行的是社会主义市场经济，市场在资源配置中起基础作用，这同时也是实现资源优化配置的最有效的机制。当前，我国市场经济的发展正处于上升的关键时期，因此在实现可持续发展的过程中，也要注重发挥市场的作用，维护市场机制的运行。在优良环境、自然资源等公共物品的供给中，要尽量完善使用权和经营权，尽可能将社会成本贴近私人成本，为生产力的发挥提供基础性条件。

（三）法治原则

法律在对生态治理中发挥着重要的作用，其属于正式制度的范畴，用于限制那些不利于可持续发展行动的实施，同时对政府的随意性和私利性行为都具有很强的限制性作用。当前，我国针对环境资源等方面的法律规章制定已经基本趋于完善，但是在实际的执行过程中,却没有收到良好的效果,这种情况发生的主要原因是,在经济转轨的过程中,行政力量过于强大,权大于法。应当明确的是,在实现可持续发展的过程中,所涉及的利益是全局性的,因此必须要持续性地对法律体系建设进行完善。由此可见,法治原则的提出并不仅仅是市场经济的基本要求,这同时也是实现可持续发展必须要遵守的原则。在制度建设的过程中,要认识到依宪治政与依法行政具有同等重要的作用,在制度结构上应注重基础性制度与衍生性制度、正式制度与非正式制度的协调性与一致性。①

（四）公众参与原则

实现人的全面、可持续发展是可持续发展的最终目标,人的发展既是发展的手段,同时也是发展的目的。需要注意的是,在可持续发展中所涉及的利益和矛盾,要比传统发展模式更为复杂和广泛,因此这就需要公众参与到可持续发展中,对不利于可持续发展的行为和活动进行监督,抵制那些不利于生态保护的消费行为,这样才能形成持续的发展推动力,减少政府决策的失误。在以后可持续发展过程中,政府应鼓励公众积极参与到可持续发展建设中,促进公众利益的表达,构建可持续发展文化。

四、政府的生态转型

所谓政府的生态转型是指政府能够树立尊重自然、顺应自然、保护自然这一生态文明的基本理念,并能够将这种理念与目标渗透与贯穿到政府制度与行为等诸方面中去,积极探索人与自然和谐共生的基本诉求及实现路径的行政管理系统。具体表现在以下几个方面。

---

① 孔令锋,黄乾.科学发展观视角下的中国可持续发展阶段性与政府作用[J].社会科学研究,2007(2).

（一）强调政府的生态职能

政府职能又可以被称为行政职能,指的是在国家行政机关依法对国家和社会公共事务进行管理时,应当承担的职责和所具有的功能。通过政府职能的实现,可以反映出公共行政的基本内容和活动方向,这是公共行政的本质表现。对政府来说传统的职能主要有政治职能、经济职能、文化职能、社会职能与运行职能。生态职能往往隐藏在社会职能当中,因而没有得到足够的重视。十八大报告将生态文明同经济、政治、文化与社会建设同位,说明政府亟须将生态职能贯穿于经济职能、政治职能、文化职能与社会职能这四个方面当中,并列称为政府的基本职能,明确环境职能内涵,增强政府对生态职能的执政力,增强政府的生态使命感。

（二）制度建设是政府转型的关键

党的十八大报告指出:"保护生态环境必须依靠制度。"要"建立国土空间开发保护制度,完善最严格的耕地保护制度,水资源管理制度,环境保护制度。深化资源性产品价格和税费改革,建立反映市场供求和资源稀缺程度、体现生态价值和代际补偿的资源有偿使用制度和生态补偿制度。积极开展节能量、碳排放权、排污权、水权交易试点"。当前,各级政府机关严格按照党的十八大的要求,制定正确的方针、政策,完善法律制度、规章规定,切实有效地贯彻生态职能,履行生态文明的使命。

（三）政绩考核体系转型

推行政府绩效评估体系,就是要科学合理地给政府打分。长期以来,政府的绩效考核最看重本地的 GDP 成效,这种政绩考核的唯 GDP 论逐渐成为衡量政府成绩的唯一标准。而这已使中国生态环境付出了巨大的代价。生态文明建设中的关键问题就是我们的党政干部要树立好正确的生态政绩观,建立生态政绩考核体系。要将生态保护、实现可持续发展、构建和谐社会的内容纳入政绩考核的内容,体现到政绩考核的目标、标准、方法和结果当中,以考察各级政府和官员是否按科学发展观的要求转变发展观念,在决策和施政中做到既关心经济增长,又促进社会全面进步和人的全面发展,并明确政绩考核的生态指标,将能否保护生态环境、实现可持续发展、建立和谐社会视为对政府及其官员进行评判的决定性指标,并作为干部奖惩的重要依据。

（四）加强政府对生态文明的宣传教育

在加强环境教育、提高公众环保意识方面,许多发达国家的经验值得借鉴。比如日本,他们通过环境教育提高公众环境意识,继而引导公众在更广的范围和更深的意义上参与环境管理。政府宣传对公众行为可起到标志性推广。当前我国居民的环境意识在整体上还是属于比较浅层次的,因此各级政府要抓住十八大的契机,加大对环境保护的宣传,充分调动公众保护和改善环境的积极性,增强全民节约意识、环保意识、生态意识,形成健康消费、适度消费的社会风尚,营造爱护生态环境的良好风气,增强公众保护环境的意识和责任感。同时,还要构建生态型政府的民主决策机制,严格遵循社情民意调查制度、政务公开制度、公开听证制度、专家咨询制度等,提高环境决策的民主化与科学化。

（五）加强政府对环境的监管

十八大报告中指出:"要加强环境监管,健全生态环境保护责任追究制度和环境损害赔偿制度。"各级政府应加强对环境法律、法规与规章以及环境保护规划实施的监督管理,优化环境行政执法方式。通过监督管理使环境法律所制定的各项制度,如"环境影响评价制度""三同时制度""环境标准制度""废弃物综合利用制度"等得以实施,确保污染企业对环保的必要投资;在环境行政执法过程中,应严格遵循"预防为主、防治结合"的原则,推进环保技术、环保产品和环保服务的广泛应用;通过对违反环境保护制度行为实行惩罚作为行政管理措施。

（六）以先进的执政理念引领生态文明建设

"执政理念是指执政主体对其执政活动的理性认识和价值取向,属执政活动的意识形态层面及其意识形态的核心观念,是产生执政纲领、主张、方略、政策以及工作思路的思想基础,是执政活动的理论指导和执政能力的思想基础。"① 中国共产党的执政理念有很丰富的内容,执政为民理念是党执政理念的核心。

党的十八大报告对生态文明建设的论述指出了未来政府工作的方向,政府执政理念的转型是要实现从以民为本向人与自然和谐共生、生态优先的理念转变。实现这一理念的转变,不仅要从生产方式和生活方式进行根本性的变革,还要从思想观念的层面进行转变。长久以来,以民为本的执政理念在生态文明的指导下,有必要进行适度的调整,以更好地实现人民的根本利益与共同利益。只有在发展的过程中,做到人与自然的和谐相处,生态优先,用科学发展的理念树立绿色、循环、低碳的发展模式推动社会发展,才能更加切实地实现将人民的利益视为最高利益,实现政府执政的宗旨。

第二节 企业在生态文明建设中的行为

党的十八大报告的亮点之一就是把生态文明建设放在突出的地位。如果说政府是生态文明建设的领导者,公民是生态文明建设的实践者,社会是生态文明建设的监督者,那么企业就是生态文明建设的建设者。因此,树立企业的生态意识,创新企业的生态模式,规范企业的生态行为,明确企业的生态行为责任对建设生态文明、创建和谐社会有重要作用。

所谓企业的生态文明行为,就是企业在追求自身利益的同

---

① 宋刚峰,章国英. 论中国共产党的执政理念[J]. 党建研究,2004(5).

时,能正确地处理好人与自然(包括资源与环境)的关系,为后代留下继续发展的余地。如果某些企业为了自身暂时的利益,对资源采取疯狂的、掠夺式的开采,并不惜以破坏环境和损害公众健康为代价,这样的企业行为就是非生态文明行为。

一、企业行为在生态文明建设中的地位

企业是生态文明行为的主体之一,但在某些情况下,它又可以成为生态文明行为的对象。企业在可持续发展中的地位十分重要。

(一)企业是生态文明行为的对象

在国家实施一系列生态文明战略和规划时,企业就成为政府生态行为的对象。比如,随着改革开放的深入,我国由传统的计划经济体制向社会主义市场经济体制转变,经济增长方式从粗放型向集约型转变。在这一转变过程中,企业成为国家经济体制改革的对象。为了在市场中增强竞争力,必然有一批企业由于适应市场经济需要、技术力量雄厚,得到国家支持,能够进一步发展;也会有一些企业,由于不能适应市场经济要求,可能要进行资产重组,被兼并、转产甚至破产。从宏观上看,这样做有利于国家的生态文明建设和可持续发展,这时企业成为政府生态文明行为的对象。

(二)从事经济活动是企业最主要的特征

当企业从事经济活动时就要和资源、环境以及服务对象发生密切关系。例如,一个钢铁厂在进行生产时,首先要有原料——铁矿石、焦炭等;其次要消耗大量能源,包括一次能源(煤、燃料油)、二次能源(电能),还要消耗大量的水(作为冷却介质);最后,在它的生产过程中会向环境排放大量的污染物(废水、废气、废渣等)。因此,在现代社会中,任何企业都不能孤立地存在,而这些企业在从事生产经营活动中也要消耗大量的能源、资源,也会向环境排放相当数量的污染物。因此,企业在向社会提供产品、为社会创

造财富的同时也消耗了自然界的资源,对自然环境造成破坏和污染。如果能正确处理好企业行为与环境的关系,那么就会有利于全社会生态文明的建设与发展,否则就会影响生态文明的建设。反之,如果消费者不满意一个企业的产品质次价高、服务恶劣,那么这就造成资源和时间上的浪费,就会对社会的生态文明产生与发展造成不利的影响。因而,企业的生态行为与生态文明建设是密切相关的,当企业作为行为主体时,资源、环境及企业产品的消费者甚至政府,都是它的行为对象,当主体行为不当时,就会使对象受到侵害,从而不同程度地影响生态环境。

二、企业行为在生态文明建设中的作用

企业行为对国家的经济、社会活动影响很大,在国家的生态文明建设中起到非常重要的作用。

(一)企业是资源、能源的主要消耗者

我国虽然资源丰富,但人口众多,资源人均拥有量很低。尽管如此,目前我国经济的快速增长仍建立在能源高消耗的基础之上。新中国成立以来,中国的经济总量和能源消费都出现了较大幅度的增长。随着经济的迅速增长,中国的人均能源消费量也在不断上升,资源的过度开采,已使资源短缺成为我国经济持续发展的"硬约束"。

(二)企业是社会财富的创造者、先进技术的应用者

企业虽然消耗大量的能源、资源,但是企业的生产过程却把这些能源、资源转变为公众需求的产品和服务,提供给社会和广大消费者,为社会创造并积累了大量的财富,大大改善了人民的生活条件,企业的生产支持着社会的进步和发展。

企业是技术开发的主力军,企业在开发技术后,可以立刻应用到生产经营中,产生经济效益和社会效益。从 2001 年到 2004

年,我国国内生产总值年均增长 8.6%,高于"十五"计划中年均增长 7% 的目标,高于世界经济的平均增速,也高于发达和发展中国家的增长速度,成为世界上经济发展最快的国家之一。这些成就都是靠企业的生产活动提高经济效益来取得的。企业的创造和生产积累了大量的财富,向国家上交大量的税收,增强了国家的综合经济实力,国家才有能力来促进教育、社会福利、减灾防灾、扶贫和生态环境建设等上层建筑的发展,从而保证和促进社会的可持续发展,从这点来看,企业对国家的建设发展功不可没。

(三)企业是环境污染的主要责任者和生态环境的保护者

企业行为与生态环境的关系有两个方面。一方面,企业行为可能造成生态破坏和环境污染。自从工业革命以来,各种工业企业的生产活动就成为环境的主要污染源,工业企业消耗大量的能源、资源,向大气、水体和土壤排放大量的污染物,威胁着公众的身体健康、社会的稳定,制约了社会经济的可持续发展。

另一方面,企业行为也可以恢复生态和保护环境。随着环境保护事业的发展、国家环境保护法制的健全以及企业管理者生态意识的提高,企业的行为中也增加了更多环境保护的内容,使企业的角色向生态环境的恢复者和保护者方面转化。除了一般企业为解决自身环境问题而实施的环境保护行为外,近年来在世界上已经出现了一种专门为社会解决环境问题服务的产业——环保产业。这种产业的性质与传统的第一、第二、第三产业有本质的不同,因此有的学者称为第四产业。环保产业直接以防治环境污染、改善生态环境、保护自然资源为己任,为发展生态文明建设作出了直接贡献,这一被称为朝阳产业、明星产业的第四产业将具有无限生机和广阔前景。

三、企业在生态文明中的行为方式

企业在生态文明中的行为方式可以概括为以下三种,即生产、消费和保护环境。

(一)企业的生产行为

企业的生产行为是为社会创造财富的过程,就是将自然资源或能源转化为人类生产和生活所需产品的过程。但在生产过程的每一个环节,都可能产生废水、废气、废渣等污染因素或污染物质。企业的生产行为一方面增加了社会积累,为社会和公众提供了各种可用的产品,同时带动了科学和技术的发展。但另一方面如果不注意自然资源的节约和综合利用,不开展清洁生产及污染的防治,生产行为还将造成严重的环境污染和生态破坏,导致社会和企业自身的不可持续发展。

(二)企业的消费行为

企业是一个消费单位,其消费的对象通常可分为两类,第一类是初级产品,即能源和矿产品等;第二类是次级产品,即由其他企业加工生产出来的产品,如电、钢材、各种机械设备等。一个企业消费的对象往往就是另一个企业生产的产品企业的消费行为,因此,企业的消费行为对社会经济的发展起到拉动的作用。很大程度上,消费可以刺激生产,促进增加产品的数量和提高产品的质量,但要适度消费和节约资源。过剩的消费就会导致资源枯竭、环境污染以致生态破坏。

(三)企业的环境保护行为

随着经济、社会的发展,当前企业的生产、消费行为对生态环境造成的压力越来越大,政府和公众对企业行为的要求和监督也越来越严格。这就迫使企业要自觉或不自觉地实施一种新的行为——保护环境的行为。目前各个企业基本上都已不同程度地采取保护环境的行为,这无论对于社会的可持续发展,还是企业自身的发展都是有利的。

不少企业管理者已主动地打出了环保牌,积极地治理污染。

而还有一些眼光短浅,不去改变工艺和治理污染,只盯住产值、利润的企业管理者,仍旧不重视环境保护,甚至弄虚作假,应付环保部门检查,这样做的结果是最终连企业自身的生存和发展都会面临危机。

第三节　公众在生态文明建设中的行为

　　我们已经得知,生态文明是一种正在生成和发展中的文明范式,其代表着人类在进入工业文明之后,将要进入的一个新的发展阶段。对于生态文明来说,其最为主要的特征就是强调要实现人与自然的协调发展。需要注意的是,这种新的文明范式并不会自动产生,其需要广大人民群众的共同追求和积极参与,由此可见,生态公民是建设生态文明的主体基础。

　　生态文明行为的三大主体(政府、企业、公众)都是由个体的人组成的。任何一个具体的人,都在扮演不同的社会角色。这些个体在扮演不同角色的时候,就会追求不同的利益或价值,因而就会倾向于采用不同的社会行为。比如,所有个体的人都是公众的一员,但他同时又可能是企业中的管理者、决策者或操作者,当然,也可能是政府中的官员。作为公众,他要求较高的物质、精神生活,又要求较好的环境质量;作为企业的一员,他又会要求确保企业的最大利益和在市场中的有利的竞争地位,从而减少和压缩企业在环保方面的投入与管理;作为政府中的一个官员,他会因社会建设的某一决策而在一个时期内牺牲部分环境利益,或者由于对一些影响环境的企业进行制裁而使这些企业的利益受到影响,当然又会因公众对生活质量不满的压力而去增加对环保工作的投入等。由此可见,公众不仅是生态文明建设的实施者,还是各生态文明主体存在与发展的基础,只有增强公众的环保意识,保护生态环境,促进生态文明建设才不是空话。

一、生态公民的概念与特征

　　所谓生态公民指的是具有生态文明意识且积极致力于生态

文明建设的现代公民。生态公民是生态文明建设的一个重要主体,其特点主要表现在以下几方面。

（一）生态公民是具有环境人权意识的公民

生态公民的本质特征是,强调个人权利的优先性和国家对于个人权利的保护。被称为公民的个人,也就意味着其拥有某些基本权利。在现代社会中,每一个人几乎都是基本权利的合法拥有者,因此,公民的基本权利又被称为人权。人权的范围并不是固定不变的,随着时代不断向前发展,人权的范围也在不断拓展,进入新世纪,环境已经成了人权的一项重要内容。

（二）生态公民是具有良好美德和责任意识的公民

对于生态公民来说,其指的并不是那些只知道向他人和国家要求行使权利的消极公民,而是那些能够主动承担责任,并履行相关义务的积极公民。生态公民责任意识的核心是,维护公共利益,尤其是生态公共利益。同时,生态公民还是具有良好美德的公民,公民的消费美德和节俭美德对环境保护的实现有重要的影响作用。由此可见,在构建生态文明的过程中,公民必须要具备传统公民理论所倡导的守法、宽容等"消极美德",还需具备现代公民理论所倡导的节俭、自省等"积极美德",使生态文明得以长久地保持下去。

（三）生态公民是具有生态意识的公民

健全的生态意识指的是准确的生态科学知识和正确的生态价值观的统一。在健全的生态意识中,基础是生态科学知识,灵魂是生态价值观。对于生态公民来说,只有在树立了正确的生态价值观之后,人们才能拥有足够的道德动力去进行环境保护活动,通过构建生态文明来体现出自身的价值。在现代生态意识中,最为主要的特征就是整体思维和尊重自然。其中,整体思维要求人们从整体的观点来对环境问题的复杂性进行理解,而尊重自然则是生态文明的一个重要价值理念,是生态意识中的一项重要内容。尊重自然要求尊重并维护自然的完整、稳定与美丽。人类只有首先尊重自然，保护了自然的完整、稳定和美丽，才能保证人权的顺利实现。

（四）生态公民是具有世界主义理念的公民

从环境问题出现的根源来看，其具有全球性的特征。当前，很多发展中国家所出现的环境问题，实际上都是由不公正的国际政治经济秩序所造成的。在这种情况下，对于环境问题的治理，就必须要站在全球的角度，采取全球治理模式，在世界范围内同步开展生态文明建设。对于很多生态公民来说，他们已经明确认识到，环境保护及生态治理是一个全球范围内的话题，他们在世界主义理念的引导下积极地参与全球范围的环境保护，互相维护并关心其他国家公民的环境人权，积极履行自身的生态文明治理中所承担义务和责任，主动参与到世界环境保护的活动中。

二、公民参与生态文明建设的原因

公民是社会的组建者，因此法律赋予了公民最基本的权利，这就表明所有被称为公民的人都可以获得一定的权利。从根本上来说，公民积极参与环境保护行为的原因是，公民拥有环境保护权。在 20 世纪 70 年代，人类的健康和生活质量受到了环境污染的严重影响，由此，人们开始把关注的目光转移到环境人权上。1970 年，《东京宣言》在日本东京举行的"公害问题国际座谈会"上被发表，提出"人人享有不损害其健康和福利之环境的权利"，并通过法律的形式将其作为一种基本人权确立下来。1972 年，《人类环境宣言》在联合国第一次人类环境会议中通过，该宣言提出："人类有权在一种能够过有尊严的和福利的生活环境中，享有自由、平等和充足的生活条件的基本权利。"①1973 年，《欧洲自然资

---

① 《联合国人类环境会议宣言》。

源人权草案》在欧洲人权会上通过,其再次提出要将环境权作为一项新的人权。1987 年,联合国环境与发展委员会提交的《环境保护与可持续发展的法律原则》再次确认,"全人类对能满足其健康和福利的环境拥有基本的权利"①。20 世纪 90 年代后期以来,随着环境意识在全球范围的普遍觉醒,环境人权已经成为一项得到绝大多数人认可的道德共识,并逐渐被落实到有关环境保护的国际法以及许多国家的宪法和法律之中。

作为一项全新的权利,环境人权主要由实质性的环境人权与程序性的环境人权所构成。实质性的环境人权主要包含两项合理诉求:一是每个人都有权获得能够满足其基本需要的环境善物(如清洁的空气和饮用水、有利于身心健康的居住环境等);二是每个人都有权不遭受危害其生存和基本健康的环境恶物(环境污染、环境风险等)的伤害。程序性的环境人权主要由环境知情权(即知晓环境状况的权利)和环境参与权(即参与环境保护的权利)两部分组成。因此,公民环境权是环境保护的立法之本,公民环境权的设置使得公民能依法行使参与环境管理的权利,推进环境管理工作深入、有效地开展,才能使公民在环境方面的权利得以保障,调动公民积极地投入到环保的实际行动中去。

三、提高公民的生态文明意识

(一)公民生态文明意识的内涵

美国生态伦理之父——奥尔多·利奥波德于 19 世纪 30 年代在《沙乡年鉴》一书中谈道:没有生态意识,私利以外的义务就是一句空话。他强调,生态意识为私利以外的生态责任,希望人们能将人与人之间的责任拓展到自然当中,倡导人对自然的保护义务。虽然今天生态意识没有成为主流的思想意识,但随着社会的不断发展,生态危机不断地显现和暴露,人们已经越来越清楚

---

① 《环境保护与可持续发展的法律原则》。

地认识到,生态意识的觉醒才能使现代社会的科技手段与法律制度畅通运行。

因此所谓的公民生态文明意识是指人们在进行经济建设和社会活动的过程中,能否把有利于生态文明建设作为一切问题的根本出发点和落脚点,从而预先考虑生态环境和正确对待生态问题的思想观念,是人们关于环境和环境保护的思想、观点、知识、态度、价值和心理的总称。

党的十八大提出,面对资源约束趋紧、环境污染严重、生态系统退化的严峻形势,必须树立尊重自然、顺应自然、保护自然的生态文明理念。生态文明理念有三层重要含义,分别是尊重自然、顺应自然以及保护自然。这三者之间是层层递进,相互联系的。

对自然给予充分的尊重,是人类与自然相处时应该遵循的首要基本原则,这就要求人们要深刻了解自然的客观规律,并且按照一定的规律开展活动。自然界是一个完整的生态系统,并且,这一生态系统有其自身的变化和发展规律,这些规律是客观存在不以任何人的意志为转移的,人类在进行自身的实践活动中,要不断适应自然的各种规律,才能最终实现与自然的和谐相处。人类的生产活动要符合顺应自然的各项客观规律,不能因为对物质利益的追求违背自然规律,并且要通过各项制度的制定与实施,对人类的行为进行不断的约束,实现人与自然和谐相处。

顺应自然,是人与自然相处时应遵循的基本原则,要求人顺应自然的客观规律,按照自然规律办事。自然界是一个完整的生态系统,这一生态系统是客观存在并有其变化和发展规律的,这是不以人的意志为转移的,人类在进行自身的实践活动中,唯有不断适应自然的各种规律,才能做到与自然和谐相处。顺应自然,要使人类的活动符合而不是违背自然客观规律,通过制度不断对人的行为进行约束,要防止出现因个人的急功近利而最终违背自然规律的现象。

保护自然,是人与自然相处时应承担的重要责任。人在满足自身的生存发展之需时,要充分发挥主观能动性,对自然界的生态系统进行呵护与保护,要不断约束其生产经营活动,使其保持在自然可以承载的范围之内,要给自然留下恢复元气的时间,不能一味地强取豪夺,使自然没有资源再生的能力。如果自然最终出现生态的赤字,人类是唯一的受害者。

(二)提高公民生态文明意识的重要意义

加强公民生态文明意识教育和培养,有利于培养具有环境责任感的生态公民,使之能够认识并关注环境及其相关问题以解决当前的问题,从而有利于自下而上地贯彻和实现国家既定的生态文明价值、战略、计划。

1. 有利于改善公民生态文明意识缺失的现状,促进人的全面发展

使公民生态文明意识培养水平得以提高,促进公民自身的全面提高,正确处理好人与自然、人与社会、人与他人以及人与自身的关系,使多方关系能和谐发展,在这种和谐发展中不断丰富和完善人的本质力量,又反过来促进人的全面发展。

2. 有利于巩固社会主义生态文明建设的基础,促进环境友好型社会的建设

生态文明社会是人类社会发展到更高级阶段出现的表现形式,是以尊重和维护生态环境为主旨,以未来人类社会可持续发展为目标,为社会物质文明、政治文明、精神文明提供基础,是人类共同努力的愿望。要想实现这一愿望,必须观念先行,必须发扬教育的先导性和基础性的作用,对构建社会主义和谐社会和实现社会主义生态文明社会具有重大意义,促进环境友好型社会的快速发展与建设。

3. 有利于推动我国社会主义现代化建设,提升教育现代化水平

让全民清醒地认识到目前我国所面临的严重生态危机和资源环境生态压力,培养公民的节能降耗意识、保护资源环境意识,

走节约和合理利用资源、保护生态环境的生态发展之路。同时促进教育现代化与思想政治教育现代化。

（三）公民生态文明意识的主要内容

生态文明意识是人类努力与自然达成一致与和谐的一种思想观念，它指导着人们科学地认识人和自然的关系及正确处理人与人之间的关系，确立人在生物圈的地位。

1. 生态道德意识

生态道德主要是指人们在处理人与自然之间的关系等各方面关系时所具有的道德品质、道德人格及所遵守的道德行为规范。因此，我们要加强公民的生态道德教育，使人们接受和遵循其道德规范的要求，塑造人的生态道德品行，培养理想的道德价值，从而有目的、有计划、有组织地对人们施加系统的生态道德影响的活动，引导公民崇尚自然、热爱自然、关爱动物、善待生命，做一个有道德良知的生态公民。

2. 生态忧患意识

生态忧患意识是生态文明意识中最基础的部分，它产生于对生态环境现状的认识。进入 21 世纪以来，人类所面临的生态危机日趋严重，能源耗尽、水源枯竭、森林滥伐、人口膨胀和环境污染构成了生态危机。从国内角度来看，我国水资源污染日趋严重。前些年发生的松花江水质污染、太湖蓝藻事件等，对水这一生命的源泉一次次敲响了警钟。能源的枯竭，土壤的酸化，农药、化肥对土壤的污染，食品质量安全形势不容乐观。这些不仅严重威胁到人类的健康生活，还严重地阻碍了社会发展的脚步，对其进步造成了巨大的破坏力。因此，生态公民要有忧患意识，增强环境保护的紧迫感。

3. 环保法制意识

生态文明法制建设是生态文明建设的强有力保障。而公民的法制观念和法制意识将直接影响法制建设的进程。我国环保立法工作从无到有、从少到多的过程,见证了国家对生态文明建设的重视与努力。目前,我国已经有比较完整丰富的环境保护法律体系,做到有法可依。接下来的问题就是公民生态法制意识教育。要多形式地推动公民知法、懂法、守法、用法,使生态文明观念深入人心,树立环保法规制度的尊严,进而引领生态行为文明的发展。

4. 理性消费意识

生态文明建设中必须要强化对公民的理性消费的教育。因为公民是最主要的消费群体,相比企业和其他社会组织来说,公民的消费表现得更加突出。特别是青年群体,有着旺盛的消费欲望,常常引领消费时尚,存在着消费非理性和过度攀比炫富的不良心态。过度的消费不仅造成资源利用的严重浪费,而且还影响人际正常交往。特别是近几年来,西方盛传的消费主义即"多买多用多扔"的思想和"多多益善"价值观念对我国公民的影响普遍加深,因此,我们迫切需要加强公民的消费意识教育,主张不铺张、不浪费、不讲排场、不炫阔气,要艰苦奋斗、崇尚俭朴,培养注重环保的理性消费意识,以实现节约资源、保护生态的双重效应。

(四)提高公民生态文明意识的途径

观念决定思路,思路决定出路。大力提升公民生态文明意识,在全社会牢固树立生态文明观念,唤起公众的环境忧患、责任和参与意识是生态文明建设的基本前提。根据不同社会群体、人在不同发展时期的认知特点,大力提升公民生态文明意识主要有以下四个途径。

1. 高度重视生态文明教育

中小学时期乃至幼儿时期是世界观、价值观、人生观逐步形成的基础阶段,对人的思想观念和意识形态等影响深远,因此生态文明教育要"从娃娃抓起",将环境课程纳入中小学必修课程,根据青少年的生理年龄、知识基础、心理发展与接受能力等特点，不断改进教育方式方法，激发他们热爱自然的美好情感，培养他们积极思考、主动探索大自然的良好品质，帮助他们获得人类与环境、动植物与环境的基本知识和生活常识，进而形成科学环保的日常行为和习惯。

根据国家生态文明建设的需要，对高等教育的人才培养模式进行创新与完善，在面向全体学生的公共必修课中，增加环境教育的课程，使当代大学生对环境的现状有清醒的认知，使他们对环境科学的基础知识进行深刻的了解，再结合自身的所学促进环境科学和环境伦理学的不断发展，同时将环境保护的理念融入学生的专业教育中，使他们不断关注、探讨并且参与到社会的热点环境问题讨论当中，增强对环境的保护意识。

对社会各界力量进行有关环境教育的在职培训，与此同时，不断加强环境教育在党政领导干部以及各企业领导干部中的力度，在诸多的政府决策力量中，领导干部是处于决策地位的，他们的环境素质直接关系到生态文明建设政策举措的实施和落实，他们的环境行为往往对整个社会的环境行为起着关键的示范作用，因此干部教育是公民环境素质培育的重要环节。各级各类机关单位、企事业单位要通过开办系列讲座与常态化学习相结合的方式，向领导干部传输环境保护的科学知识和法律法规；各级党校和行政学院等干部教育机构要开设系统的环境教育课程，通过组织轮训使全体干部接受较为系统的生态文明教育；要把领导干部接受环境教育培训的情况和成效纳入考核体系，切实从硬约束上增强各级各类领导干部提高自身环境素质的主动性和积极性。

2. 实施全民环境宣传教育行动

通过广泛的社会宣传，对公民的环境素质进行培育，进而在全社会形成一种"以保护环境为荣，以破坏环境为耻"的舆论氛围，唯有如此，生态文明的理念才能在全社会得到认可，才能被广泛的群众接受。实施全民环境宣传教育要充分利用互联网、电视广播、报刊书籍、宣传栏等大众媒介,形成覆盖面广、成效显著的宣传网络,为公众了解学习相关环境知识和法规政策提供有利条件;同时鼓励各种新闻媒体和民间的环保组织及人员对一些违法的行为进行披露,要提倡科学消费的重要作用,在全社会形成一种生态文明理念宣传的社会合力;要大力推进环境信息公开,如发布当地环境质量信息、设立污染企业名录、曝光环境污染事件、制定"绿色消费指南"等,不断利用真实案例对环境问题进行详细说明,同时增加公众对环境保护的责任感,激发他们对环境保护的紧迫感,进而使他们在行动中作出正确的选择。要设定鲜明的宣传主题,创意新颖的教育宣传活动,并且使群众积极参与进来,提高环境质量的实践效果。这会在全社会范围内形成一种广泛的生态文化认同,并且会形成一种健康的生活方式,倡导全社会成员的绿色消费。

3. 加强环保非政府组织能力建设

各级政府部门要加强政策扶持力度,对人民群众参与或成立各类合法的民间环保组织予以支持和引导,依照有关规定依法办理社团登记手续,科学制定环保社会组织发展规划和促进政策,推动民间环保组织机构建设,形成一种功能全面、作用明显并且具有浓郁地方特色的民间环保组织体系,同时在全国范围内培育一支具有良好的运行和管理能力的环保社团,定期进行生态文明论坛讲座的举办,并且创办相关的期刊,与社会各界联合起来,开展社会公益活动。

各级环保部门要与民间环保组织之间建立广泛的联系,并且定期进行深入的沟通,向他们宣传国家的有关环境保护政策,并且不断吸收各项来自民间环保组织的有关意见,鼓励他们勇于提出自己的见解和看法,并支持他们对环境保护法律法规的落实情况进行监督,对各项环保政策措施的贯彻加以认识,支持他们为了维护群众环保权益进行的各项诉求,鼓励他们积极开展国际环境的保护与合作交流,同时对民间环保组织的参与渠道与活动空间进行不断扩展。与此同时,切实加强管理范围和监督力度,使得民间环保组织能够有序健康地发展,对一些不顾中国国情、照搬照抄西方极端环保主义者的行为要加以正确的引导,并进行正确、及时的矫正,对一些以环保的名义开展非法活动的组织与个人,政府要给予坚决的处罚,彻底的取缔。

4. 保障公众环境参与权益

要对保障公众环境参与的法律法规进行不断健全和完善。所有的公民都具有环境保护的参与权,这是公民基本的基本权利,要通过立法的形式在法律中不断体现,对于公众参与环境保护的路径和程序要进行细化,同时对信息公开的范围、内容和时效要进行严格规范。环境保护的法律法规和实施条例要根据自身的实际情况进行相应的制定,要保证这些条款项目具有操作性与实践性,而不是仅仅停留在口头文字上,唯有如此,才能实现真正的法律化。

对覆盖整个环境的项目环境信息进行披露,需要建立良好的机制。在项目确立的初始阶段,要将环境的大纲评价内容和环境影响的结论告知公众,使他们有机会有时间对自己关心的环境问题以及自身利益的损害提出看法,环境保护部门及相关企业通过分析整理,采纳合理意见;在项目施工阶段,注重各项信息的透明化,要将工艺流程和具体的环保措施及时告知公众,更好地接受大众的监督;在项目的竣工验收阶段,要认真听取公众的满意度,唯有达到既定标准和要求的项目建设才是合格的;在项目运行阶段,评估部门要深入公众,通过个别访谈、发放问卷、召开座谈会等形式了解项目对周围公众及其生活环境的实际影响情况,并将评估结论公开公布,全面保障公众的知情权,为公众关注环境保护、参与环境保护监督与管理提供充分条件。

四、倡导公民进行绿色生活方式——慢餐运动

关心环境的人在选择利于环境的生活方式的同时,首选的理

应是利于自身健康的方式。但是就环境公害引发健康受损问题，越来越多的人为此提出抗议。因为如果自然环境被污染破坏，人类通过呼吸、饮水、吃饭等维持生命的方式就会威胁到自身的健康。

对于暴饮暴食这一过度消费的饮食生活方式也有必要加以重视。因为暴饮暴食所引起的肥胖、各种疾病患者的增加以及有害人工化学物质的摄取正威胁着人类的健康。所以，暴饮暴食与健康破坏是同步的，而暴饮暴食带来的健康恶化问题导致了一股"健康热潮"的兴起。作为健康补助的食品，各种各样的营养品正在热销中，但过分依赖于这些营养品对解决健康问题却治标不治本。

涉及食物安全以及暴饮暴食的饮食生活方式不仅由生活者的经济收入决定，也由农业生产和食品业生产或快餐食品等餐饮业的存在方式所决定。因此，为了保持身体健康，人们有必要去做一个关心食物原材料的聪明的绿色消费者。人们对于饮食生活的关心，可以从慢餐运动中感受得到。

慢餐运动始于意大利的一座小城布拉。它是以 1986 年麦当劳的罗马店开张为契机而爆发的。为了与快餐相对抗，此运动被命名为慢餐运动。

慢餐运动提出三个方针：保护正在消失的传统的食物材料、菜肴、优质食品和葡萄酒；保护提供优质素材的小生产者；向包括孩子们在内的消费者推广味觉教育。这是一场热爱传统饮食文化、慢慢享受用餐的运动，这场运动迅速蔓延到了世界各地。1989年，在巴黎召开了国际慢餐协会成立大会，并通过了《慢餐宣言》。

在依赖于快餐、外卖以及食品添加剂等加工食品的快节奏的生活方式不断泛滥的今天，慢餐运动无疑是一场提倡丰富自己的饮食生活、享受饮食文化的运动。在此运动中有对于关爱自身健康、关心提供食物材料的农业和环境的生活方式的追求。

参考文献

[1] 国家林业局.党政领导干部生态文明建设读本[M].北京:中国林业出版社,2016.

[2]陶良虎,刘光远,肖卫康.美丽中国:生态文明建设的理论与实践[M].北京:人民出版社,2014.

[3]黄娟.生态文明与中国特色社会主义现代化[M].北京:中国地质大学出版社,2014.

[4]邓玲.我国生态文明发展战略及其区域实现研究[M].北京:人民出版社,2013.

[5]李军.走向生态文明新时代的科学指南:学习习近平同志生态文明建设重要论述[M].北京:中国人民大学出版社,2015.

[6]王春益.生态文明与美丽中国梦[M].北京:社会科学文献出版社,2014.

[7]杨志,王岩,刘铮.中国特色社会主义生态文明制度研究[M].北京:经济科学出版社,2014.

[8]赵建军.如何实现美丽中国梦　生态文明开启新时代[M].北京:知识产权出版社,2013.

[9]赵凌云,张连辉,易杏花,等.中国特色生态文明建设道路[M].北京:中国财政经济出版社,2014.

[10]王舒.生态文明建设概论[M].北京:清华大学出版社,2014.

[11]李娟.中国特色社会主义生态文明建设研究[M].北京:经济科学出版社,2013.

[12]王明初.社会主义生态文明建设的理论与实践[M].北京:人民出版社,2011.

[13]张运君,杜裕禄.大学生生态文明教育读本[M].武汉:湖北科学技术大学出版社,2014.

[14]刘湘溶.我国生态文明发展战略研究[M].北京:人民出版社,2013.

[15]蒋丽.城市形象的理论和实践[M].广州:世界图书出版广东有限公司,2013.

[16]陈义青.向幸福竞发——从忻州十问到忻州十策[M].太原:山西人民出版社,2013.

[17]饶会林.现代城市经济学概论[M].上海:上海交通大学出版社,2008.

[18]吕拉昌,黄茹.世界大都市的文化与发展[M].广州:华南理工大学出版社,2014.

[19]徐民华,刘希刚.马克思主义生态思想研究[M].北京:中国社会科学出版社,2013.

[20]傅治平.生态文明建设导论[M].北京:国家行政学院出版社,2012.

[21]余杰.生态文明概论[M].南昌:江西人民出版社,2014.

[22]刘金田.中国特色社会主义生态文明建设道路[M].北京:中央文献出版社,2013.

[23]贾卫列.生态文明建设概论[M].北京:中央编译出版社,2013.

[24]陈丽鸿,孙大勇.中国生态文明教育理论与实践[M].北京:中央编译出版社,2009.

[25]全国干部培训教材编审指导委员会.生态文明建设与可持续发展[M].北京:人民出版社、党建读物出版社,2011.

[26]刘铮.生态文明意识培养[M].上海:上海交通大学出版社,2011.

[27]严耕,杨志华.生态文明的理论与系统建构[M].北京:中央编译出版社,2009.

[28]姜春云.中国生态文明演变与治理方略[M].北京:中国

农业出版社,2004.

[29]洪富艳.生态文明与中国生态治理模式创新[M].北京：中国致公出版社,2011.

[30]李惠斌,薛晓源,王治河.生态文明与马克思主义[M].北京：中央编译出版社,2008.

[31]共青团上海市委员会.生态文明与当代青年[M].上海：上海人民出版社,2013.

[32]马晓.城市生态文明建设知识读本[M].北京：红旗出版社,2012.

[33]黄杉.城市生态社区规划理论与方法研究[M].北京：中国建筑工业出版社,2012.

[34]庄贵阳,陈迎,张磊.低碳经济知识读本[M].北京：中国人事出版社,2010.

[35]廖福霖.生态文明建设理论与实践(第 2 版)[M].北京：中国林业出版社,2003.

[36]唐小芹.论习近平生态思想的时代意义[J].中南林业科技大学学报,2015(6).

[37]张高丽.大力推进生态文明　努力建设美丽中国[J].求是,2013(23).

[38]白春礼.科技支撑我国生态文明建设的探索、实践与思考[J].中国科学院院刊,2013(2).

[39]陈洪波,潘家华.我国生态文明建设理论与实践进展[J].中国地质大学学报(社会科学版),2012(5).

[40]夏光.建立系统发展的生态文明制度体系——关于中国共产党十八届三中全会加强生态文明建设的思考[J].环境与可持续发展,2014(2).